景观植物实用图鉴 第10辑

观赏树木

薛聪贤 编著

49科252种

—— 常见植物一本通 ——

从植物识别到日常养护技能 / 从浇水、施肥、温湿度、光照、修剪等
基础护理到植物繁殖等注意事项 / 为读者提供真正实用的养护指南

华中科技大学出版社
http://press.hust.edu.cn
中国·武汉

图书在版编目（CIP）数据

景观植物实用图鉴.第10辑,观赏树木 / 薛聪贤编著. —武汉：华中科技大学出版社，2023.8
ISBN 978-7-5680-4117-1

Ⅰ.①景… Ⅱ.①薛… Ⅲ.①园林植物－图集②观赏树木－图集 Ⅳ.①S68-64

中国国家版本馆CIP数据核字（2023）第123122号

景观植物实用图鉴.第10辑，观赏树木　　　　　　　　　　　　薛聪贤 编著
Jingguan Zhiwu Shiyong Tujian Di-shi Ji Guanshang Shumu

出版发行：华中科技大学出版社（中国·武汉）　　　　　　电话：（027）81321913
　　　　　武汉市东湖新技术开发区华工科技园　　　　　　邮编：430223
出 版 人：阮海洪

策划编辑：段园园　　　　　　　　　　　　　　　　　　版式设计：王　娜
责任编辑：段园园　　　　　　　　　　　　　　　　　　责任监印：朱　玢

印　　刷：湖北新华印务有限公司
开　　本：710 mm×1000 mm　1/16
印　　张：13.5
字　　数：216千字
版　　次：2023年8月 第1版 第1次印刷
定　　价：78.00 元

投稿邮箱：1275336759@qq.com
本书若有印装质量问题，请向出版社营销中心调换
全国免费服务热线：400-6679-118 竭诚为您服务

前言

近十几年来，笔者常与园艺景观业者一道引进新品种，并开发原生植物，从事试种、观察、记录、育苗、推广等工作，默默为园艺事业耕耘奋斗；从引种、开发到推广过程，备尝艰辛，鲜为人知，冀望本书能提供最新园艺信息，促使园艺事业更加蓬勃发展，加速推动环保绿化。

本书全套共分10辑，花木的中文名称以一花一名为原则，有些花木的商品名称或俗名也一并列入。花木照片均是实物拍摄，花姿花容跃然纸上，绝不同于坊间翻印本。繁殖方法及栽培重点，均依照风土气候、植物的生长习性、实际栽培管理等作论述；学名是根据中外的园艺学者、专家所公认的名称，再敦请植物分类专家陈德顺先生审订，参考文献达数十种，力求尽善尽美，倘有疏谬之处，期盼先进不吝指正。

本书能顺利出版，得感谢彰化县园艺公会理事长黄辉锭先生、前理事长刘福森先生、北斗花卉中心郑满珠主任、中华盆花协会彰化支会会长张名国先生、成和季园艺公司李胜魁、李胜伍先生；合利园艺李有量先生、广裕园胡高荣先生、华丽园艺公司胡高本先生、鸿霖园艺胡高笔先生、改良园胡高伟先生、清高植物公司罗坤龙先生、翡翠园艺胡清扬先生、台大兰园赖本仕先生、花都园艺罗荣守老师、源兴种苗园张济棠先生、玫瑰花推广中心张维斌先生、华阳园装公司林荣森先生、七巧园艺公司李木裕先生、荃泓园艺公司陈金菊小姐、新科园艺林孝泽先生、马来西亚美景花园郑庆森先生、华陶窑陈文辉先生、台湾大学森林系廖日京教授、台湾省立博物馆植物研究组长郑元春先生、东海大学景观系赖明洲教授和章锦瑜教授；原嘉义技术学院黄达雄教授、中兴大学蔡建雄教授和傅克昌老师；屏东科技大学农园系颜昌瑞教授、台湾省立淡水商工园艺科张莉莉老师、台湾省立员林农工园艺科宋芬玫老师；农友种苗公司李锦文先生、张隆恩教授、李叡明老师、江茹伶老师、王胜鸿先生、古训铭先生、郑雅芸小姐等协助，在此致万分谢意！

目　录

观赏树木

观赏树木泛指在木本植物中树形、枝干、叶片优雅美观，而以观叶、观姿为主者，包括针叶树类、阔叶树类、竹类等，其中有灌木类及乔木类，有常绿性、落叶性或半落叶性。

灌木通常指低矮的树木，近似丛生，主干不明显，由地面处分歧成多数枝干，树冠不定型，如杜松类、铺地柏、偃柏、真柏、易生木、秤星木、小叶厚壳树、小叶黄杨、锡兰叶下珠、红叶麻疯树、水杨梅、草海桐等。

乔木通常指主干单一明显的树木。主干生长离地至高处开始分歧，树冠具有一定的形态，如南洋杉、龙柏、松树类、竹柏、大叶肉托果、芒果、垂枝暗罗、糖胶树、滨玉蕊、马拉巴栗、酸豆树、鱼木等。植株高度 18 m 以上为大乔木，9～18 m 为中乔木，9 m 以下为小乔木。

观赏树木类为景观绿化美化的重要树种，用途广泛，灌木类可修剪整形，可作绿篱、盆栽或庭园、道路美化，乔木类可做庭院绿荫树、行道树，甚至具有海岸防风固沙，山坡地水土保持的功能。

在栽培管理方面，喜好高温者（生长适温 20～30℃），华南地区均适合栽种；喜好温暖或冷凉低温者（生长适温 10～25℃），华南地区较适合在中、高海拔冷凉山区栽培，本书共收集了近 300 种观赏树木，包括国内原生植物及外来引进植物，并有新近引入的最新品种。

防风防沙 - 莲叶桐
Hernandia sonora

莲叶桐科常绿乔木
别名：蜡树
原产地：中国、西太平洋群岛

　　莲叶桐株高可达 10 m，叶互生，圆盾形，先端尖，叶大而油滑光亮。花腋出，每 3 朵聚生 1 处，中央为雌花，两侧为雄花，夏季盛开。核果球形，褐色，果外有淡黄色肉质苞包被，形态奇特可爱，通过漂浮于水面散播种子。叶大且浓密，壮硕健旺，适作庭园树或植于海岸防风防沙。树液可制作脱毛剂，种子可当泻剂。

　　●繁殖：播种法育苗，春、秋季为适期。

　　●栽培重点：喜好微碱性砂质壤土，要求日照充足且排水良好。生性强健，耐旱抗风，喜高温多湿，生长适温 23 ～ 32 ℃。

1 莲叶桐
2 莲叶桐
3 莲叶桐

柿叶茶茱萸
Gonocaryum calleryanum

茶茱萸科常绿小乔木
别名：台湾琼榄
原产地：中国、太平洋诸岛

柿叶茶茱萸株高可达 8 m，分枝颇多，枝条平展，甚至下垂。叶互生，阔卵形，全缘，厚革质，墨绿油亮。总状花序，花数少，春、秋季开花。核果为卵形，黑紫色。生性强健，耐旱、耐盐也耐阴，适于庭植美化。

●繁殖：播种法为主，春季为适期。

●栽培重点：栽培介质喜偏碱性的石灰质土壤。排水需良好，全日照、半日照或稍荫蔽处皆能生长。春至秋季为生长盛期，每 2 ~ 3 个月施肥 1 次，春季应修剪整枝。性喜高温多湿，生长适温 23 ~ 32 ℃。

1 柿叶茶茱萸
2 柿叶茶茱萸
3 柿叶茶茱萸

翠绿优雅 - **青脆枝**
Nothapodytes foetida

茶茱萸科常绿灌木或小乔木
原产地：中国、日本以及东南亚至南亚

青脆枝株高可达 9 m，叶互生，卵状椭圆形或披针状长椭圆形，长 10～20 cm，微凹，先端渐尖，全缘，纸质或厚膜质。春季开花，花顶生，聚伞花序或伞房花序，小花白色。核果为长椭圆状卵形，赤黑色。枝叶翠绿，生长快速，耐热耐风，适作园景树、行道树。

●繁殖：播种或扦插法，春、夏季为适期。

●栽培重点：栽培土质以疏松肥沃的砂质壤土最佳，排水、日照需良好。春至夏季施肥 2～3 次，生长极迅速。每年早春应修剪整枝。性喜高温，生长适温 22～32 ℃。

■ 青脆枝

八角科 ILLICIACEAE

优良建材 - **白花八角**
Illicium anisatum

八角科常绿灌木或乔木
原产地：中国、菲律宾、日本

白花八角株高可达 5 m。叶丛生枝端，长椭圆形，全缘，革质。春至夏季开花，花顶生或腋出，花冠白色。蓇葖果粗肥。性喜冷凉，适作园景树，木材供建筑使用。枝叶、果实有毒，不可误食。

●繁殖：播种法，春季为适期。

●栽培重点：栽培土质以排水良好的腐殖质土最佳。性耐阴，全日照、半日照均理想。每季施肥 1 次。性喜冷凉，忌高温多湿，生长适温为 12～22 ℃，夏季需阴凉通风。

■ 白花八角

胡桃类

Juglans cathayensis（台湾胡桃）
Juglans sigillata（漾鼻核桃）

胡桃科落叶乔木
台湾胡桃别名：野核桃
原产地：
台湾胡桃、漾鼻核桃：中国

台湾胡桃：落叶大乔木，株高可达25 m，小枝有黏质腺毛。奇数羽状复叶，小叶椭圆形，细锯齿缘，两面密被毛。雄花葇荑花序下垂，黄绿色；雌花穗状直立，红色。核果卵形或椭圆形，果表密被黏性腺毛。适作园景树，种仁可食用。

漾鼻胡桃：落叶乔木，株高可达6 m。奇数羽状复叶，小叶卵状披针形或椭圆状披针形，全缘，叶背密被灰色腺毛。雄花葇荑花序，雌花集生于枝顶。核果近球形。适作园景树，种子可食用。

● 繁殖：播种法，春季为适期。

● 栽培重点：栽培介质以砂质壤土为佳。春至夏季生长期施肥 2 ～ 3 次。落叶后或早春应修剪整枝。性喜冷凉至温暖、湿润、向阳之地，生长适温 12 ～ 22 ℃，日照 70% ～ 100%。耐寒不耐热，华南地区高冷地栽培为佳，平地高温生长不良。

1 台湾胡桃
2 漾鼻核桃

枝叶浓密 - **阴香**
Cinnamomum burmanii

樟科常绿乔木
原产地：中国、东南亚

　　阴香株高可达 15 m 以上，小枝红褐色，枝叶具芳香味道。叶互生或近对生，长卵形，先端渐尖，全缘，革质，3 出脉。圆锥花序，花顶出，小花多数，淡黄色。树冠圆形，枝叶浓密，终年青翠，适作园景树、行道树、幼树盆栽。

　　●繁殖：播种、扦插法，春季为适期。

　　●栽培重点：栽培土质以壤土或砂质壤土为佳，排水、日照需良好。幼树春至秋季生长期间施肥 2 ~ 3 次。春季修剪整枝，修剪主干下部侧枝能促进长高。性喜高温多湿，生长适温 20 ~ 30 ℃。成年树移植需作断根处理。

1 阴香
2 阴香萌发红褐色新叶
3 阴香核果卵形，长约 0.8 cm，果托顶端6 齿裂，齿端平截

林浴树种 - **樟树类**

Cinnamomum camphora（樟树）
Cinnamomum kanehirai（牛樟）
Cinnamomum reticulatum（土樟）

樟科常绿乔木
樟树别名：香樟
原产地：
樟树：中国、日本
牛樟：中国台湾
土樟：中国台湾

樟树：常绿大乔木，株高可达 20 m。叶互生，椭圆形或阔卵形，先端尖。春季开花，圆锥花序，黄绿色。核果球形，熟果紫黑色。全株具樟脑香味，木材含精油可供药用或用于建筑、雕刻。树冠硕大，为优良的园景树、行道树。

牛樟：常绿大乔木，为我国台湾省特有植物，分布于海拔200 ~ 2000 m 的山地，株高可达 30 m，干通直。叶互生，长椭圆形或卵形，先端渐尖，革质，叶柄、嫩叶绿至暗红色，全缘或略波缘。冬季开花，聚伞状圆锥花序，核果扁球形。木材坚实贵重，可供制家具、雕刻、提取精油。树冠壮硕，枝叶葱翠，为优美的园景树、行道树。

土樟：常绿小乔木，为我国台湾省特有植物，分布于恒春半岛。株高可达 7 m。叶近对生，革质，倒卵形至椭圆形，先端钝。春季开花，聚伞花序，核果长椭圆形，适作园景树。

●繁殖：樟树、土樟以播种法为主，现采即播。牛樟可用扦插法，春、秋季为适期。

●栽培重点：栽培土质以土层深厚的壤土或砂质壤土为佳。幼株喜阴，成年树日照需充足，排水需良好。大树移植困难，移植前应先作断根处理，修剪枝叶。每 2 ~ 3 个月施肥 1 次。性耐旱耐瘠，樟树、土樟喜高温，生长适温 18 ~ 30 ℃；牛樟性喜温暖，生长适温 15 ~ 27 ℃。

樟树

2 3
4 5
2 樟树
3 牛樟
4 牛樟
5 土樟

枝叶芳香 - **肉桂类**
Cinnamomum subavenium（香桂）
Cinnamomum zeylanicum（锡兰肉桂）

樟科常绿乔木
原产地：
香桂：中国
锡兰肉桂：斯里兰卡

　　香桂：常绿中乔木，株高可达 12 m。叶对生，椭圆形或长椭圆状披针形，先端尾状突尖。聚伞状圆锥花序，果球形。可作园景树，木材供雕刻。

　　锡兰肉桂：常绿乔木，株高可达 10 m。叶对生，椭圆形或长卵形，3 出脉由基部延伸至先端，全缘，革质，幼叶暗红色。圆锥花序，果长卵形。枝叶芳香，为高级的园景树。

　　●繁殖：播种、扦插或高压法，春季播种前先以温水浸泡种子，能提高发芽率。

　　●栽培重点：栽培土质以肥沃的砂质壤土为佳，排水、日照需良好。须根少，成年树移植困难。生长期每 2 ~ 3 个月施肥 1 次。早春应修剪整枝 1 次。香桂、土肉桂性喜温暖，耐高温，生长适温 15 ~ 27 ℃。锡兰肉桂、兰屿肉桂性喜高温，生长适温 22 ~ 30 ℃。

1 香桂
2 锡兰肉桂
3 锡兰肉桂

古老香料 - **肉桂**

Cinnamomum cassia （肉桂）
Cinnamomum osmophloeum
（土肉桂）
Cinnamomum kotoense
（兰屿肉桂）

樟科常绿乔木
土肉桂别名：假肉桂
原产地：
肉桂：中国
土肉桂：中国台湾
兰屿肉桂：中国台湾兰屿

1	2	3
1	4	

1 兰屿肉桂
2 肉桂
3 土肉桂
4 兰屿肉桂

肉桂：株高可达 6 m 以上。叶近对生，长椭圆形，先端渐尖或突尖，长 12 ~ 16 cm，全缘，厚革质，离基 3 出脉，具浓郁肉桂香味。聚伞状圆锥花序，花顶出，小花多数淡黄色。叶片四季常绿，枝叶茂密，适作园景树、行道树和盆栽。树皮为古老香料，可作中药，药用可治心腹冷痛、肾虚、阳痿、痛经、寒疝等。

土肉桂：常绿中乔木，株高可达 10 m。叶近对生，长卵形或阔披针形，先端渐尖。叶嚼食含大量黏液，具浓烈芳香。聚伞花序，果椭圆形。适作园景树，叶蒸馏出桂油供药用，可作为香料。繁殖宜选肉桂醛含量高的母树，以无性繁殖法育苗。

兰屿肉桂：常绿小乔木，株高可达 6 m。叶对生或近对生，卵形或卵状长椭圆形，先端尖，厚革质。叶片大，3 出脉明显，浓绿富光泽，为优美的园景树。

●繁殖：播种法，春季为适期。

●栽培重点：栽培土质以壤土或砂质壤土为佳，排水、日照需良好。秋末冬初应修剪整枝。性喜温暖耐高温，生长适温 15 ~ 28 ℃。成年树移植需作断根处理。

四季青翠 - 川桂
Cinnamomum wilsonii

樟科常绿乔木
原产地：中国中南至西南部

　　川桂株高可达 6 m 以上，枝叶具芳香味。叶互生，长椭圆形或长卵状披针形，先端钝或微凹，全缘，薄革质，3 出脉。聚伞状圆锥花序，花顶出，小花多数，淡黄色。叶片下垂，四季青翠，风格独特，适作园景树、行道树、盆栽。

　　●繁殖：播种、扦插法，春季为适期。

　　●栽培重点：栽培土质以壤土或砂质壤土为佳，排水、日照需良好。幼树春至秋季生长期间施肥 2 ～ 3 次。修剪主干下部侧枝能促进生长。性喜温暖，耐高温，生长适温 15 ～ 28 ℃。成年树移植需作断根处理。

1 川桂
2 川桂

树性健强 - 南洋肉桂
Cinnamomum iners

樟科常绿乔木
别名：大叶桂
原产地：亚洲热带

南洋肉桂株高可达 10 m，幼枝叶暗红色，枝叶具芳香味。叶对生或近对生，长椭圆形或卵状长椭圆形，先端钝或尖，全缘，厚革质，3 出脉明显。聚伞状圆锥花序，花顶出，小花多数，淡黄色。果椭圆或卵形，熟果黑色。生性强健，耐热、耐旱、耐瘠，适作园景树、行道树、诱鸟树、盆栽。

● 繁殖：播种、扦插法，春季为适期。

● 栽培重点：栽培土质以壤土或砂质壤土为佳，排水需良好。日照 70% ～ 100%。春至秋季生长期施肥 2 ～ 3 次。修剪主干下部侧枝能促进长高。性喜高温多湿，生长适温 22 ～ 32 ℃。成年树移植需作断根处理。

南洋肉桂

香料植物 - **月桂树**

Laurus nobilis

樟科常绿灌木或小乔木
原产地：地中海沿岸

月桂树株高可达 6 m，幼枝红褐色。叶互生，椭圆形或阔披针形，全缘或波状缘，硬革质，具有优雅香气。雌雄异株，散形花序，花腋生，小花淡黄色。果实球形，熟果近黑色，适作园景树、盆栽。叶片或精油可作烹调食品香料。高冷地生长良好，平地高温生长迟缓。

● 繁殖：播种、扦插法，春、秋季为适期。

● 栽培重点：栽培土质以微酸性的腐殖质土或砂质壤土为佳，排水、日照需良好。冬至春季生长期施肥 2 ~ 3 次，冬初应修剪整枝。性喜温暖，忌高温多湿，生长适温 15 ~ 25 ℃，夏季需通风凉爽越夏。

月桂树

四季青翠－楠木类

Machilus thunbergii（红楠）
Machilus kusanoi（大叶楠）
Machilus zuihoensis（香楠）

樟科常绿乔木
红楠别名：猪脚楠
香楠别名：瑞芳楠
原产地：
红楠：中国、日本、韩国、朝鲜
大叶楠、香楠：中国台湾

红楠：常绿大乔木，株高可达 20 m。叶倒卵形、椭圆形至倒卵状披针形，革质，浓绿富光泽，新叶暗红色。花顶生，圆锥花序黄绿色。浆果球形，熟果暗紫色。成年树枝浓叶密，极耐阴，适作园景树，木材供建筑、制作器具等用，树皮可制线香。

大叶楠：常绿大乔木，我国台湾省特有品种，分布于 800 m 以下低海拔地区，株高可达 18 m。叶长椭圆状倒卵形或倒披针形，近革质。春季开花，花腋出或顶生，聚伞状圆锥花序，黄绿色。浆果球形，熟果紫黑色。生性强健粗放，适作庭园绿荫树，木材可供建筑、雕刻、家具等。

香楠：常绿中乔木，我国台湾省特有品种，分布于海拔 200 ~ 1800 m 的地区。株高可达 16 m，干通直。叶互生，披针形或倒披针形，厚纸质。花顶生，聚伞状圆锥花序，黄绿色。浆果球形，熟果紫黑色。树形优美，适作园景树、行道树，木材用于建筑、作家具等，树皮含黏质，可制线香。

1 2

1 红楠
2 大叶楠

● 繁殖：播种或扦插法，成熟果实现采即播，扦插法以春、秋季为适期。

● 栽培重点：栽培土质以壤土或砂质壤土为佳。幼株耐阴，成年树日照需充足，排水良好。深根性，成年树移植困难，需作断根处理。春至秋季每 2～3 个月施肥 1 次。早春应修剪整枝，剪去主干下部侧枝，能促其长高。性喜温暖至高温，生长适温 18～28 ℃。

3 香楠
4 香楠
5 香楠

琼楠
Beilschmiedia erythrophloia

台湾雅楠
Phoebe formosana

樟科常绿乔木
台湾雅楠别名：台楠
原产地：
琼楠：中国及中南半岛
台湾雅楠：中国台湾及安徽

琼楠：常绿大乔木，我国分布于低、中海拔250～2000 m的山区。树高可达18 m，树干通直，大树的树皮常呈鳞片状脱落，新皮层红褐色。叶对生，卵形或长椭圆形，长7～15 cm，先端尖，全缘，幼叶红褐色。春至夏季开花，花腋生，圆锥花序，花冠黄白色。核果倒卵形，由红褐转紫黑色。生性强健，耐阴耐湿，适作园景树、行道树，木材可制枕木。

台湾雅楠：常绿小至中乔木，分布于中、低海拔500～1800 m的山区。树高可达15 m。叶互生，倒卵形或倒披针形，先端突尖，全缘，厚纸质，幼叶淡红褐色。春至夏季开花，花顶生，圆锥花序，花冠黄白色。核果由绿转紫褐色。成年树粗放，耐阴、耐湿，适作园景树、护坡树。

●繁殖：播种或扦插法，种子现采即播，春、秋季为适期。

●栽培重点：栽培土质以湿润肥沃的壤土或砂质壤土为佳。排水需良好。全日照、半日照均理想，但日照充足，成长较迅速。土壤保持湿润，空气湿度高则生长极旺盛。年中施肥2～3次。春季修剪整枝。成年树深根性，须根少，移植困难，应先作断根处理，幼树采用容器栽培，定植后存活率较高。性喜温暖至高温，生长适温18～28 ℃。

1 2

1 琼楠
2 台湾雅楠

终年青翠 - **木姜子类**

Litsea garciae（兰屿木姜子）
Litsea hypophaea（小梗木姜子）
Neolitsea villosa（兰屿新木姜子）

樟科常绿乔木
小梗木姜子别名：黄肉树、尖脉木姜子、
锐脉木姜子
原产地：
小梗木姜子：中国及中南半岛东部
兰屿木姜子：中国台湾兰屿、菲律宾
兰屿新木姜子：中国台湾兰屿及东南亚

1 兰屿木姜子
2 小梗木姜子
3 兰屿新木姜子

兰屿木姜子：常绿乔木，产于我国台湾兰屿，株高可达 8 m。叶极大，互生，披针形，长 24 ~ 40 cm，先端渐尖，全缘。春季开花，短伞形花序，花腋生，花冠黄白色，浆果扁球形，熟果呈红色。叶片狭长宽大，绿阴遮天，适作园景树。

小梗木姜子：常绿小乔木，高可达 7 m。叶互生，倒卵形或倒卵状披针形，长 5 ~ 9 cm，全缘，厚纸质。秋至冬季开花，花顶生或腋生，伞形花序，花淡黄色。浆果长椭圆形，熟果紫黑色。耐旱、耐瘠，适作园景树。

兰屿新木姜子：常绿小乔木，株高可达 6 m。嫩枝、叶柄、叶脉均密披暗金褐色茸毛。叶丛生枝端，长卵形或椭圆形，长 6 ~ 8 cm，先端尖，革质。秋、冬季开花，伞形花序，花冠暗金褐色。四季青翠，性较耐阴，适作园景树、大型盆栽观叶。

●繁殖：播种或扦插法，春、秋季为适期，成熟果实现采即播为佳。

●栽培重点：栽培土质以壤土或砂质壤土为佳。幼树耐阴，成年树日照需充足，排水需良好。成年树移植困难，需作断根处理或用容器栽培。春至秋季每 2 ~ 3 个月施肥 1 次。早春应修剪整枝，时常修剪主干下部侧枝，能促进长高。性喜高温，生长适温 22 ~ 30 ℃。

耐旱抗风 - 潺槁树
Litsea glutinosa

樟科常绿乔木
别名：潺槁木姜子
原产地：中国、印度、菲律宾、越南

潺槁树株高可达 15 m，树干内皮含胶质。叶互生，倒卵形或倒卵状长椭圆形，先端钝，全缘，革质。夏季开花，花腋生，总状花序，花淡黄色，果实球形或倒卵形。生性强健，叶片厚实，耐旱、抗风。适作园景树、滨海绿化或防风树。

●繁殖：播种法，春季为适期。

●栽培重点：栽培土质以壤土或砂质壤土为佳。排水需良好，日照要充足。春至秋季生长期施肥 3 ～ 4 次。每年春季修剪整枝，剪除主干下部枝叶，能促进长高。性喜温暖至高温，生长适温 20 ～ 30 ℃。

潺槁树

菲岛木姜子

Litsea perrottetii

樟科常绿乔木

别名：佩罗特木姜子

原产地：菲律宾、西里伯斯岛、摩鹿加

菲岛木姜子株高可达6 m以上。叶互生，阔卵形或椭圆形，先端钝或突尖，全缘，革质，叶面深绿色，叶背淡绿色。春季开花，花腋生，小花淡白色。果实椭圆形，果表有白色斑点，熟果暗红色。四季常绿，枝叶茂密，适作园景树、行道树。

●繁殖：播种法，春季为适期。

●栽培重点：栽培土质以壤土或砂质壤土为佳，排水、日照需良好。春至夏季生长期间施肥2～3次。春季修剪整枝，修剪主干下部侧枝能促进长高。性喜高温多湿，生长适温22～30℃。成年树移植需作断根处理。

1 菲岛木姜子
2 菲岛木姜子

四季青翠 - **台湾香叶树**

Lindera akoensis

樟科常绿灌木或小乔木
别名：辣子树、内荏子
原产地：中国台湾

　　台湾香叶树是我国台湾省特有品种，分布于低海拔山区阔叶树林中，株高可达4 m。叶互生，卵形至椭圆形，先端尖，长 3 ~ 5 cm，全缘，革质。春季开花，雌雄异株，雄花伞形花序，花腋生，小花黄褐色。核果球形，初绿红熟。生性强健，枝叶四季青翠，适作园景树、绿篱、盆栽。

　　●繁殖：播种、扦插法，春季为适期。

　　●栽培重点：栽培土质以壤土或砂质壤土为佳，排水、日照需良好。春至秋季生长期间施肥 2 ~ 3 次。春季修剪整枝，绿篱栽培随时作修剪整型。成年树移植需作断根处理。性喜高温多湿，生长适温20 ~ 30 ℃。

1 台湾香叶树
2 台湾香叶树

热带果树 - 酪梨
Persea americana

樟科常绿大乔木
别名：鳄梨、油梨
原产地：美洲热带、印度、马达加斯加

酪梨株高可达 18 m 以上。叶互生，椭圆状披针形。圆锥花序顶出，花小、黄绿色，1～4 月开花。核果梨形或卵形，果皮光亮，绿色或红紫色，果肉黄色奶酪状，富含植物性油脂，可食用，风味独特。酪梨树冠葱郁，是优良的园景树、果树。

●繁殖：以实生苗作砧木再嫁接育苗，种子需在新鲜时播种，冬至早春行嫁接。

●栽培重点：土质以深厚砂质土为佳，阳光充足，排水良好。强风处枝易折裂，花期及果实生长期太干旱易落花落果，要注意灌溉。性喜高温多湿，生长适温 22～32 ℃。

酪梨

奇花异木 - **炮弹树**
Couroupita guianensis

猴胡桃科落叶大乔木
原产地：圭亚那

炮弹树株高可达 18 m 以上。叶互生，长椭圆形至倒卵形，先端尖。夏季开花，总状花序干生，悬垂性，花瓣外为黄绿色，花张开后瓣内橙红色。果实球形，茶褐色，径达 15 ～ 20 cm，酷似古代炮弹，果肉具特殊异味。成年树主干上果实累累，极奇特，易引人驻足观赏。每年落叶 2 ～ 3 次，落叶前叶片急速变红，明艳璀璨；通常落叶后会在 7 ～ 10 天之内长出新叶。为高级庭园树、行道树。

●繁殖：播种法，春季为适期。

●栽培重点：栽培土质以砂质壤土为佳，若土壤肥沃则生长快速。排水、日照需良好。春、夏季生长期每季施肥 1 次。性耐旱，喜高温多湿，生长适温 23 ～ 32 ℃。

1 2
1 炮弹树
2 炮弹树

3 炮弹树
4 炮弹树落叶前，急速变红

半果树

Gustavia superba

猴胡桃科常绿灌木或小乔木
原产地：哥斯达黎加、巴拿马、哥伦比亚

半果树

半果树株高可达 3 m。叶丛生枝端，倒披针或倒卵状披针形，长 30 ~ 45 cm，先端突尖或渐尖，细锯齿缘，近革质。春至夏季开花，花顶生，花冠白色或淡粉红色，花径 10 ~ 15 cm，具有甜香味。果实半球形，果顶平坦，好像果实上半部被刀削平，成陀螺状，极奇特。适作园景树。

●繁殖：播种法，春至夏季为适期。

●栽培重点：栽培介质以壤土或砂质壤土为佳。春至夏季生长期施肥 2 ~ 3 次。春季修剪整枝。冬季需温暖避风越冬。性喜高温、湿润、向阳之地，生长适温 22 ~ 32 ℃，日照 70% ~ 100%。生性强健，耐热、耐旱稍耐阴。

海岸植物 - 水芫花
Pemphis acidula

千屈菜科常绿灌木或小乔木
原产地：中国台湾及东半球热带海岸

　　水芫花在我国台湾分布于恒春半岛、兰屿、绿岛等地，株高可达3 m，但在海岸珊瑚礁上呈灌木状或匍匐状。叶对生，长椭圆形，全缘，两面被毛。夏季开花，花腋生，花冠白色。蒴果卵形，熟果呈褐色。枝叶密集，耐盐、耐旱、抗风，适于庭植美化、滨海防风、作地被，也能整枝造型成高级盆景。

　　●繁殖：播种、扦插或高压法，春季为适期。

　　●栽培重点：栽培土质以砂质壤土为佳，排水、日照需良好。春至秋季每2～3个月施肥1次。春季修剪整枝，盆景2～3年换土1次。性喜高温，生长适温22～32 ℃。

1 水芫花
2 水芫花熟果褐色
3 水芫花

木兰科 MAGNOLIACEAE

乌心石类

Michelia formosana（乌心石）
Michelia compressa var.
lanyuensis（兰屿乌心石）

木兰科常绿乔木
兰屿乌心石别名：大叶乌心石
原产地：
乌心石：日本、中国
兰屿乌心石：中国台湾兰屿

乌心石：常绿大乔木。株高可达 20 m 以上，主干直立。叶互生，披针形或长椭圆形，先端钝或锐，全缘，革质，叶背灰绿色。早春开花，花腋生，白色，具香气。蓇葖果少数，卵形或球形，种子红色。

兰屿乌心石：常绿乔木，株高可达 15 m，主干直立。叶互生，阔椭圆形或阔倒卵形，先端钝，全缘，革质，叶背灰绿色。春季开花，花腋生，淡黄白色，具香气。蓇葖果卵形或球形，多数聚生，果实红色。

此类植物适作园景树、行道树，亦可用于水土保持作护坡树。枝叶四季翠绿，属低维护成本优良树种。乌心石木材坚硬密致，属阔叶一级木材，可作建材、贵重家具等。

● 繁殖：播种、扦插或高压法，种子现采即播为佳。

● 栽培重点：栽培介质以壤土或砂质壤土为佳。春季应修剪整枝，修剪主干下部侧枝能促进长高，成年树移植前需作断根处理。乌心石性喜温暖至高温，生长适温 15～30℃，日照 60%～100%。兰屿乌心石性喜高温，生长适温 23～32℃，日照 70%～100%。

1 乌心石
2 乌心石
3 兰屿乌心石
4 兰屿乌心石

鹅掌楸类

Liriodendron chinense（鹅掌楸）
Liriodendron tulipifera（美国鹅掌楸）

木兰科落叶大乔木
鹅掌楸别名：马褂木
美国鹅掌楸别名：北美鹅掌楸
原产地：
鹅掌楸：中国、越南
美国鹅掌楸：北美洲

鹅掌楸：株高可达 35 m。叶互生，掌状裂叶，"马褂"形，上部先端凹入或截形，近基部侧裂片 1 对，裂片先端弯尖；全缘，革质。夏季开花，花顶生，花冠杯形，黄绿色。聚合果长圆锥形。

美国鹅掌楸：株高可达 45 m。叶互生，"马褂"形，近基部侧裂片 2 ~ 3 对，裂片先端弯尖；上部 2 浅裂，先端凹入或截形，全缘，革质，叶背灰绿色。夏季开花，花顶生，花冠杯形，橙绿色。聚合果长圆锥形。

此类植物适作园景树、行道树，木材可用于建筑或制作家具。叶形奇特，开花美丽，为世界孑遗植物珍贵树种。

●繁殖：播种、高压法，春季为适期。
●栽培重点：栽培介质以砂质壤土为佳。春、夏季生长期施肥 2 ~ 3 次。落叶后应修剪整枝，修剪主干下部侧枝能促进长高。性喜冷凉至温暖、湿润、向阳之地，生长适温 14 ~ 25 ℃，日照 70% ~ 100%。我国华南地区以在高冷地或中海拔栽培为佳，平地夏季高温生长不良。

1 鹅掌楸
2 美国鹅掌楸

锦葵科 MALVACEAE

黄槿、桐棉

Hibiscus tiliaceus（黄槿）
Hibiscus tiliaceus 'Tricolor'
（花叶黄槿）
Thespesia populnea（桐棉）

锦葵科常绿小乔木
黄槿别名：面头果、裸叶树
桐棉别名：截萼黄槿、恒春黄槿
原产地：
黄槿：热带滨海、中国
桐棉：热带滨海、中国
花叶黄槿：栽培种

1 黄槿
2 黄槿

黄槿与桐棉皆为典型海岸线防护林，抗风且耐盐，是海岸防风林的重要树种；黄槿在我国广东、台湾等地的海岸村舍极为常见，桐棉天然林目前非常稀少，但人工栽培已日渐增多。

黄槿：常绿小乔木，株高可达 7 m。叶互生，阔心形，先端渐尖。花腋生，钟形、黄色，喉部暗红，凋谢前转红橙色，花期夏至秋季。枝叶茂密，树冠宽广，适作绿荫树、行道树或防风树。盛花期，枝梢黄花朵朵，是优雅的观花树。树皮可制绳索。

花叶黄槿：黄槿的栽培变种，株高可达 4 m。叶互生，阔心形，先端突尖，全缘，叶面有乳白、粉红、红、褐红色等斑彩或斑点。成年植株能开花，聚伞花序，花腋生，花冠黄色，喉部暗红色，但以观叶为主。生性强健，叶色优雅美观，适作园景树、行道树、盆栽。

桐棉：常绿中乔木，株高可达 10 m。叶互生，心形，具长尾尖，薄革质，叶色墨绿油亮。花腋生，钟形、黄色，喉部红色，花谢时转红橙色，全年均能见花，春季尤盛。蒴果球形，熟果黑褐色。树冠苍翠，花叶俱美，适作庭园绿荫树、行道树及防风树。

● 繁殖：播种或扦插法，春季为适期。利用扦插法可快速获得大苗，剪 20 cm 半木质化枝条为 1 段或锯枝干 1 ~ 2 m，扦插于湿润园土中，经 1 ~ 2 个月能发根。

● 栽培重点：生性强健，栽培容易，土质以中性至微碱的壤土或砂质壤土为佳。排水、日照需良好。幼株注意水分补给，春至夏季施肥 2 ~ 3 次，成年植株后极粗放。每年早春应修剪整枝，以控制植株高度。性喜高温多湿，生长适温 23 ~ 32 ℃。

3	
4	
5	6

3 花叶黄槿
4 花叶黄槿
5 桐棉
6 桐棉

小黄槿
Hibiscus glaber

日本黄槿
Hibiscus hamabo

美黄槿
Hibiscus 'Lucida'

锦葵科常绿灌木或小乔木
原产地：
小黄槿：小笠原群岛
日本黄槿：日本、韩国
美黄槿：栽培种

1 小黄槿
2 日本黄槿

小黄槿：常绿小乔木，株高可达 5 m。叶互生，阔心形或卵圆形，长 7 ～ 12 cm，先端锐或突尖，全缘，厚革质，叶表浓绿富光泽。夏季开花，聚伞花序，花顶生或腋生，花冠黄色或橙红色，喉部暗红色。蒴果球形，木质，熟果褐色。适作园景树、行道树、海岸防风树、诱蝶树。

日本黄槿：落叶灌木，株高可达 2.5 m。叶互生，倒卵状圆形或心形，长 3 ～ 7 cm，先端突尖或短尾状，细齿状缘，革质，两面被毛，叶背灰绿色。夏季开花，花冠黄色，喉部暗红色。蒴果球形，木质被毛。适作园景树、诱蝶树。

美黄槿：常绿灌木，园艺栽培种。株高可达 2 m。叶互生，阔心形，长 7 ～ 12 cm，先端锐尖，细齿牙缘，厚纸质；叶背灰绿色，叶基有明显腺体。春末至秋季开花，花冠黄色，花径可达 10 cm 以上，花瓣有淡橙色纵纹，喉部暗红褐色。适作园景树、诱蝶树。

●繁殖：播种、扦插法，春季为适期。

●栽培重点：栽培介质以壤土或砂质壤土为佳。春、夏季生长期施肥 2 ～ 3 次。小黄槿春季应修剪整枝，成年树移植前需作断根处理。日本黄槿、美黄槿属灌木类，植株老化应施以重剪或强剪。性喜高温、湿润、向阳之地，生长适温 20 ～ 30 ℃，日照 70% ～ 100%。

3 4

3 日本黄槿
4 美黄槿

野牡丹科 MELASTOMATACEAE

美锡兰树

Memecylon ovatum

野牡丹科常绿灌木
别名：美谷木
原产地：印度、东南亚

美锡兰树株高可达 2.5 m，全株光滑。叶对生，有椭圆形、卵形或卵状披针形，先端渐尖或钝圆，有小短尖，叶缘有半透明窄边，革质。春末至夏季开花，聚伞花序腋生，小花深蓝色或蓝紫色。浆果为椭圆形或卵形，熟果蓝紫色。适合作庭园美化、盆栽。

●繁殖：播种、高压法，春季为适期。

●栽培重点：栽培介质以壤土或砂质壤土为佳。春、夏季生长期施肥 2 ~ 3 次。春季修剪整枝，植株老化应施以重剪或强剪。性喜高温、湿润、向阳至荫蔽之地，生长适温 23 ~ 32 ℃，日照 50% ~ 100%。生性强健，耐热、耐湿、耐阴。

■ 美锡兰树

楝科 MELIACEAE

香椿类
Toona sinensis (Cedrela sinensis)
（香椿）
Cedrela odorata（南美香椿）

楝科落叶乔木
原产地：
香椿：中国、韩国
南美香椿：美洲热带

香椿：株高可达 20 m。偶数羽状复叶，小叶卵状披针形，疏浅锯齿缘，偶全缘，新叶暗紫红色，具特殊香气。圆锥花序，小花白色。蒴果倒卵状椭圆形，种子上端有膜质长翅。园艺栽培种称玉椿，叶面具有白色、粉红色斑纹。

南美香椿：株高可达 18 m。奇数羽状复叶，小叶卵状披针形，先端渐尖，基略歪，疏浅锯齿缘，略具香气。圆锥花序，小花白色。蒴果长椭圆形，种子扁平有翅。

此类植物适可作园景树、大型盆栽。嫩芽及新叶可食用，风味特殊。

●繁殖：播种、根插法，春季为适期。

●栽培重点：栽培介质以壤土或砂质壤土为佳。春至夏季施肥 3 ~ 4 次。为方便采集嫩叶，可锯断主干促使多分侧枝，并加以矮化，然后充分补给氮肥和水分。生性强建，性喜温暖至高温、湿润、向阳至荫蔽之地，生长适温 18 ~ 30 ℃，日照 60% ~ 100%。

1 香椿
2 香椿
3 南美香椿

印棟

Azadirachta indica

棟科常绿乔木
别名：印度苦棟
原产地：印度、爪哇

印棟株高可达 10 m。一回偶数羽状
复叶，互生或常簇生于枝端，小叶长卵形
至卵状披针形，先端渐尖或尾尖，基歪，
疏钝锯齿缘，纸质。春季开花，圆锥花序
顶生，小花白色，花瓣 5 枚。蒴果卵形或
椭圆形，熟果黄褐至暗褐色。适作园景树、
行道树；木材可为建筑、制家具、器具原料。

●繁殖：播种法，春季为适期。

●栽培重点：栽培介质以砂质壤土为
佳。幼树春至秋季生长期施肥 3 ~ 4 次。
春季修剪整枝，修剪主干下部侧枝能促
进长高，成年树移植前需作断根处理。
性喜高温、湿润、向阳之地，生长适温
23 ~ 32 ℃，日照 70% ~ 100%。

1 印棟
2 印棟
3 印棟

树姿飒爽 - **桃花心木类**

Swietenia mahagoni（桃花心木）
Swietenia macrophylla
（大叶桃花心木）

楝科常绿乔木
原产地：
桃花心木：美洲热带
大叶桃花心木：中美洲

1 桃花心木
2 大叶桃花心木
3 大叶桃花心木

桃花心木：常绿乔木，株高可达15 m。偶数羽状复叶，小叶 3 ～ 6 对，斜卵形，长 3 ～ 7.5 cm，宽 1.5 ～ 3.3 cm，先端渐尖。聚伞状圆锥花序腋生，黄绿色。蒴果卵形，木质化，深褐色，种子具翅。成年株枝叶苍翠，为优良的庭园树、行道树，木材可制高级家具。

大叶桃花心木：常绿大乔木，株高可达20m。偶数羽状复叶，小叶 4 ～ 7 对，斜卵形，长 9 ～ 20 cm，宽 3.5 ～ 7.5 cm，先端渐尖。聚伞圆锥花序腋生，淡黄绿色。蒴果卵形木质化，深褐色，种子具长翅。树冠壮硕，飒爽宜人，为高级庭园树、行道树，木材可制贵重家具、器具和建筑用材。

●繁殖：播种法，春、秋季为播种适期。播种成苗后，假植于田间并注意肥水管理，苗高 2 m 以上即可定植。

●栽培重点：栽培土质以土层深厚、富含有机质的砂质壤土最佳，排水需良好，日照要充足。幼株较需水分，应避免干旱。春、夏季为生长旺盛期，每 1 ～ 2 个月施肥 1 次。冬至早春寒流来袭，常有半落叶现象，可趁此修剪整枝，剪去主干下部侧枝，能促使植株快速长高，成年树甚为粗放。性喜高温，耐旱，生长适温 22 ～ 30 ℃。

杀虫植物 - 苦楝

Melia azedarach

楝科落叶乔木
别　名：楝树
原产地：中国、印度、缅甸

　　苦楝在我国分布很广，河北省以南地区都有分布，生长于低海拔平野或山麓。株高可达 20 m。叶互生，2 ~ 3 回羽状复叶，小叶卵状披针形，叶基歪斜。聚伞花序腋出，粉紫色，春季开放。果实椭圆形，熟果黄色。树冠开张，叶姿柔美，果实玲珑可爱，成长快速，是优良的庭园绿荫树、行道树。树皮、果实均有毒，不可误食，但可供药用，主治虫积、疝痛。

　　●繁殖：播种法为主，春、秋季为适期。

　　●栽培重点：生性强健，不拘土质，喜排水良好，阳光充足，忌阴暗潮湿。幼树冬季落叶后应整枝。性喜高温，生长适温 22 ~ 30 ℃。

1　1 苦楝
2 3　2 苦楝
　　3 苦楝

耐旱抗盐 - **台湾树兰**

Aglaia formosana

楝科常绿小乔木
别名：台湾米仔兰
原产地：中国、泰国、菲律宾

    台湾树兰分布于我国台湾的恒春半岛、兰屿和绿岛。株高可达 5m，全株密被银色痂鳞。叶互生，奇数羽状复叶，小叶 3 ～ 7 枚，倒卵形，叶背灰白。圆锥花序，花小数多，淡黄色，春天开花。浆果卵形，径约 1 cm。熟果鲜红色。花虽不香，但树冠优美，红果满枝，耐旱、耐盐、抗风，是理想的海边园景树及行道树。材质坚硬，可制器具。

    ●繁殖：播种法，春、秋季为适期。

    ●栽培重点：栽培土质以排水良好的砂质壤土为佳，日照需充足。年中施肥 2 ～ 3 次。性喜高温多湿，生长适温 23 ～ 32 ℃。

■ 台湾树兰

香花植物 - **大叶树兰**

Aglaia elliptifolia

楝科常绿小乔木
别名：大叶米仔兰
原产地：中国、菲律宾

    大叶树兰株高可达 5 m。奇数羽状复叶，小叶 3 ～ 7 枚，卵形或椭圆形，长 10 ～ 20 cm，革质，叶背有褐色痂鳞。夏秋开花，圆锥花序，小花黄白色，芳香。浆果椭圆形，橙褐色。性耐旱、耐盐，适作园景树。木材坚实，常制支柱、桨架，枝叶能治鼻腔癌。

    ●繁殖：播种法，春、秋季为适期。

    ●栽培重点：栽培土质以砂质壤土为佳。排水、日照需良好。春至秋季施肥 3 ～ 4 次。春季应修剪整枝，修剪主干下部枝叶能促进长高。性喜高温，生长适温 23 ～ 32 ℃。

■ 大叶树兰

热带水果-**山陀儿**

Sandoricum koetjape

棟科半落叶大乔木
别名：大王果、山道棟
原产地：中南半岛、印度、马来西亚西部

　　山陀儿是热带果树，株高可达
30 m。3出复叶，小叶卵状椭圆形。春、
夏季开花，圆锥花序，花腋生，小花多数，
黄绿色。果实扁球形，熟果黄褐色，果肉
白色，味酸甜，可生食、制果酱、果汁。
枝叶浓密，适作园景树、行道树，树龄可
达50年。药用可治阴道炎、轮癣、疝痛等。

　●繁殖：播种法，春、夏季为适期。

　●栽培重点：栽培土质以壤土或砂质
壤土为佳，排水、日照需良好。幼树春至
夏季施肥 2 ~ 3 次。春季修剪整枝。性喜
高温多湿，生长适温 22 ~ 32 ℃。

1 山陀儿
2 山陀儿
3 山陀儿

树冠浓绿 - 麻楝
Chukrasia tabularis

楝科常绿乔木
原产地：中国及亚洲热带

麻楝株高可达 30 m。羽状复叶，小叶卵形至长卵状披针形，先端尾尖，基部斜歪，纸质。春季开花，圆锥花序顶生，花冠黄色，略带紫色。蒴果椭圆形，黄褐至暗褐色。树冠浓绿苍郁，为高级园景树、行道树，木材坚硬、耐腐，有芳香，可供建筑、造船、制家具、雕刻。树皮可入药。

● 繁殖：播种法，春季为适期。

● 栽培重点：栽培土质以排水良好的壤土、砂质壤土最佳，日照需充足。幼树生长期每 2 个月追肥 1 次。春季至初夏应修剪整枝。性喜高温，生长适温 22 ~ 32 ℃。

1 麻楝
2 麻楝
3 麻楝

含羞草科 MIMOSACEAE

相思豆 - **海红豆类**

Adenanthera pavonina
（大海红豆）
Adenanthera microsperma
（小籽海红豆）

含羞草科常绿乔木或落叶小乔木
大海红豆别名：孔雀豆、相思豆
小籽海红豆别名：小籽孔雀豆、小相思豆
原产地：
大海红豆：中国及亚洲热带、非洲
小籽海红豆：印度尼西亚

1 2 3
    4

1 大海红豆
2 大海红豆
3 小籽海红豆
4 海红豆的种子又称"相思豆"，红艳美丽，
可制为饰物，久藏不坏

大海红豆：常绿乔木，株高可达 10 m。2 回羽复叶，小叶互生，长卵形，先端具小突尖，基部歪，总柄具有浅沟。4～6月开花，总状花序，淡黄色，荚果念珠状弯曲，种子心形或扁圆形，径 0.7～0.9 cm，鲜红富有光泽，久藏不坏，可制饰品。种子称红豆或相思豆，古时常为男女相悦的信物，诗云："红豆生南国，春来发几枝，愿君多采撷，此物最相思。"生性强健，枝叶柔美，为优良的庭园树、行道树；心材红色具芳香，可当檀香代用品。

小籽海红豆：落叶小乔木，株高可达 5 m。2 回羽状复叶，小叶互生，椭圆形，叶表绿色，叶背有白色粉末，总柄暗红色。4～7月开花，穗状排成圆锥花序，深黄色。荚果呈圈套状念珠形或镰刀形，荚片呈螺旋状卷曲，种子圆形，两面凸起，径 0.4～0.6 cm，鲜红色，可当饰物。木材可供建筑使用，为优美的行道树、庭园树。

●繁殖：播种法，春季为播种适期，种子浸水 1 夜再播种，能提高发芽率。

●栽培重点：喜好肥沃的壤土或砂质壤土，日照充足则生长旺盛。幼株每季追肥 1 次，早春应修剪整枝 1 次，成年植株甚为粗放。性喜高温多湿，生长适温 22～30 ℃。

苍郁绿荫 - **相思树类**

Acacia confusa（相思树）
Acacia mangium（直干相思树）
Acacia auriculiformis
（耳荚相思树）

含羞草科常绿乔木
相思树别名：台湾相思
直干相思树别名：马占相思
耳荚相思树别名：大叶相思
原产地：
相思树：中国南部、菲律宾、印度尼西亚
直干相思树、耳荚相思树：大洋洲

相思树：常绿乔木，株高可达 15 m。幼树具 2 回羽状复叶，成年树由叶柄演化成假叶，互生，披针形呈镰刀状弯曲，全缘，革质，平行脉。4 ~ 8 月开花，头状花序腋出，金黄色。荚果扁线形。为我国华南地区低海拔重要的造林树种之一，木材可制枕木、农具和木炭。性耐风、抗旱、抗瘠，适作庭园树、行道树。唯大树具根深性，须根少，移植困难，幼树以容器苗定植，成活率较高。

直干相思树：常绿小乔木，株高可达 8 m，幼枝有棱角。叶互生，倒卵形或椭圆形，先端钝或略凹，全缘，革质，掌状脉，叶形宽大 3 ~ 5 cm，枝叶朝天生长。春季开花，黄色，不明显。荚果扁圆条形，卷曲成团，乍看之下酷似植物害虫，极为奇特。树冠苍郁，耐风、抗旱，为优美的行道树、庭园树。

1 相思树
2 相思树头状花序腋生，盛开时满树金黄，朵朵小花亮丽耀目

耳荚相思树：常绿小乔木，株高可达 10 m，幼枝具棱角。叶互生，披针形或倒披针形，镰刀状弯曲，全缘，革质，平行脉。叶形比直干相思树狭长，宽 1 ~ 4 cm，枝叶较柔软，易下垂。秋冬开花，穗状花序，金黄色。荚果扁豆形涡状扭曲，熟果褐色，干燥后会裂开，形似天然耳坠饰物，甚为雅致。四季苍翠，耐旱、抗风，为高级行道树、庭园树。

●繁殖：播种法，春季为播种适期。相思树种子含腊质，播种前先以热水浸烫，软化种皮后再播种，能促进发芽。由于须根少，不宜移植，在砂床播种成苗后，移入盆器内栽培，再逐渐更换大盆，待株高 1m 以上再定植。

●栽培重点：生性强健粗放，栽培土质以壤土或砂质壤土最佳，排水需良好，日照要充足，荫蔽则生长不良；若土质肥沃则成长极快速。幼株春、夏、秋季各施肥 1 次。每年春季做修剪整枝，以维护树形美观；直干相思树及耳荚相思树常修剪主干下部侧枝，能促进快速长高。性喜高温多湿，生长适温 20 ~ 30 ℃。

3 直干相思树
4 直干相思树荚果扁圆条形，卷曲成团，乍看之下酷似植物害虫
5 耳荚相思树
6 耳荚相思树花呈穗状，荚果呈扁豆形，裂开后涡状扭曲，酷似耳坠饰物，极为雅致

银荆
Acacia dealbata

三角荆
Acacia cultriformis

含羞草科常绿乔木或灌木
三角荆别名：三角相思树
原产地：
银荆、三角荆：大洋洲

■ 含羞草科

银荆：常绿乔木，株高可达 5 m。羽状复叶，银绿至银灰色，幼叶呈绿色。夏至秋季开花，黄色，不明显。其枝条细长，羽状叶片色泽优雅，可作盆栽或庭植美化，枝叶为上等插花素材。性喜温暖干燥，高温潮湿则生长不佳，适合在我国华南地区高冷地栽培。

三角荆：常绿灌木，株高 1 ~ 2 m，枝条细直。叶互生，三角形，叶端截形，银绿至银灰色，硬革质，酷似人工修剪而成，极为优雅美观，为插花高级素材。成年植株夏至秋季开花，鲜黄色，适合作庭植美化或盆栽。性喜温暖，我国华南地区以在中海拔高冷地栽培为佳，平地高温高湿，易生长不良。

● 繁殖：播种法，春、秋季均适合播种。由于近直根性，移植困难，最好采用盆播或塑料袋、容器播种，成苗后移植则存活率较高。

● 栽培重点：栽培土质以富含有机质的肥沃砂质壤土最佳，排水需良好，日照要充足。苗株定植成活后，每1 ~ 2 月施肥 1 次；花材栽培施用有机肥料如豆饼、油粕、干鸡粪等，肥效极佳，能促使枝叶健美厚实，增加吸水力。每年早春应修剪整枝 1 次，植株老化可施以强剪，促使枝叶新生。性喜温暖，不耐高温潮湿，生长适温 15 ~ 26 ℃。

1 银荆
2 银荆
3 三角荆

金合欢
Acacia farnesiana

银合欢
Leucaena leucocephala

含羞草科落叶大灌木或小乔木
金合欢别名：刺球花、鸭皂树
原产地：
金合欢：中国及热带地区
银合欢：美洲热带

金合欢：落叶大灌木或小乔木，株高2～4m。2回羽状复叶，羽片4～6对小叶线形，叶基具一对针刺。春季开花，头状花序腋出，金黄色，具芳香，可供制香水原料，也是插花高级花材。荚果圆柱形，不裂开。成年树枝条曲折密致，可作庭植美化树或作围篱栽培。

银合欢：落叶小乔木，枝叶含特殊异味。2回羽状复叶，羽片4～8对。春至夏季均能开花，头状花序腋出，白色。荚果扁平如豆，熟果赤褐色，种子可代替咖啡冲泡饮料。生性强健粗放，耐旱、抗风、抗贫瘠，坡地可保持水土。枝叶可作绿肥、饲料，木材作薪炭，种子制饰物。适于荒地绿化美化或作绿篱、园景树等，用途极广泛。

●繁殖：播种法，春、夏季均适合播种，苗株高约1m即可定植。

●栽培重点：栽培土质以砂质壤土为佳，偏好微碱性土壤。排水、日照需良好。春、夏季为生长盛期，少量施肥即能生长旺盛。枝叶疏少，可酌加修剪，促使分生侧枝。老化的植株，春季应施以强剪整枝。性喜高温，生长适温23～32℃。

1 银合欢
2 银合欢
3 金合欢

枝叶浓密 - **金龟树**

Pithecellobium dulce（金龟树）
Pithecellobium dulce 'Variegata'（斑叶金龟树）

含羞草科常绿乔木
金龟树别名：牛蹄豆
斑叶金龟树别名：锦龟树
原产地：
金龟树：中国及亚洲热带、美洲热带
斑叶金龟树：栽培种

　　金龟树株高可达 15 m。叶肾形，羽片一对，小叶也一对，叶基具锐刺一对。春季开花，花淡白绿色。荚果呈念珠状扭曲，形态奇特。栽培变种称斑叶金龟树，叶具斑纹，极优雅，生长缓慢。其枝叶浓密，幼株可用于作绿篱，成年树耐盐抗风，适作庭园树、海岸造林。

　　●繁殖：播种或扦插法，春季为适期。

　　●栽培重点：不拘土质，只要黏性不强、排水良好的地均能生长，日照需充足。春、夏季每 2 ~ 3 个月施肥 1 次。若欲促其长高，应随时修剪主干长出的侧枝。性喜高温多湿，生长适温 23 ~ 32 ℃。

1 金龟树
2 斑叶金龟树
3 金龟树荚果膨大呈念珠状扭曲，淡红色，形似一只大型蛾类幼虫

花姿清雅 - 大叶合欢
Albizia lebbeck

含羞草科落叶乔木
原产地：亚洲热带、大洋洲热带

　　大叶合欢株高可达 6 m。2 回偶数羽状复叶，小叶对生，刀状长方形，略弯曲。春至夏季开花，头状花序，花腋出，淡黄色，具芳香，形似粉扑。荚果扁线形，常吊挂于树梢。生性强健，成长迅速，耐旱耐瘠、抗风。木材可用于建筑，制作家具、火柴杆、木屐等。枝叶飒爽，花姿清雅，适作行道树、园景树。

　　●繁殖：播种法，春季为适期。新鲜种子浸水 6～12 小时后再播种，能提高发芽率。

　　●栽培重点：不拘土质，土层深厚且肥沃湿润最佳。排水、日照需良好。冬季落叶后应整枝。性喜高温，生长适温 22～30 ℃。

1 大叶合欢
2 大叶合欢冬季落叶，荚果干枯
3 大叶合欢

成长快速 - **南洋合欢**
Albizia falcataria

含羞草科常绿大乔木
别名：摩鹿加合欢、南洋楹
原产地：摩鹿加群岛、斯里兰卡

　　南洋合欢株高可达 20 m 以上，树干灰白色。2 回羽状复叶，小叶 16 ~ 20 对，剑刀形，基部歪斜。春、夏季开花，花顶生，花丝细长成束，乳白色，似打散的毛笔。荚果扁平如豆，熟果赤褐色。生性强健，成长快速，树冠优美，适作园景树，为造林速生树种。

　　●繁殖：播种法，春季为适期。
　　●栽培重点：栽培土质以砂质壤土为佳。排水、日照需良好。幼树春至夏季生长期施肥 2 ~ 3 次。修剪主干下部侧枝，能促进快速长高。性喜高温多湿，生长适温 22 ~ 32 ℃。成年树移植需作断根处理。

1 南洋合欢
2 南洋合欢
3 南洋合欢

花姿柔美 - 合欢

Albizia julibrissin

含羞草科常绿乔木
原产地：中国、日本、中亚、非洲

　　合欢株高可达 15 m，幼枝有棱。2 回羽状复叶，小叶镰刀状椭圆形，夜间闭合。夏季开花，头状花序顶生，花冠粉红色，花丝细长聚合成束，形似粉扑，花姿柔美优雅。适作园景树、行道树，高冷地生长良好。药用可治心神不安、风火眼疾、跌打筋骨伤等。

　　●繁殖：播种法，春季为适期。

　　●栽培重点：栽培土质以壤土或砂质壤土为佳。排水、日照需良好。幼树春至夏季生长期施肥 2 ~ 3 次，春季应修剪整枝。性喜温暖耐高温，生长适温 15 ~ 28 ℃。

■ 合欢

烹调野菜 - 臭树

Parkia speciosa

含羞草科常绿乔木
别名：美丽球花豆
原产地：马来西亚、泰国

　　臭树株高可达 10 m 以上，枝干有棘刺。2 回羽状复叶，羽片 18 ~ 35 对，小叶线形，生长密集。荚果扁平如豆荚，熟果为赤褐色。生性强健，树形优美，适作园景树，幼树可作盆栽，嫩叶可当调味菜烹调食用。

　　●繁殖：播种、扦插法，春季为适期。

　　●栽培重点：栽培土质以壤土或砂质壤土为佳。排水、日照需良好。幼树春至夏季生长期施肥 2 ~ 3 次。修剪主干下部侧枝，能促进快速长高。成年树移植需作断根处理。性喜高温多湿，生长适温 22 ~ 32 ℃，冬季需温暖避风越冬，10 ℃以下预防寒害。

■ 臭树

爪哇合欢
Parkia timoriana

含羞草科常绿大乔木
别名：球花豆
原产地：中国、印度

　　爪哇合欢株高可达 30 m 以上，老树基部有粗壮板根。2 回羽状复叶，叶轴有 1 枚腺体，羽片大，小叶线形，略弯曲，50 ~ 80 对，多数而生长密集。春至夏季开花，头状花序，球形，具长柄，下垂。荚果扁平，革质。适作园景树，木材可作建材。

　　●繁殖：播种法，春季为适期。

　　●栽培重点：栽培介质以壤土或砂质壤土为佳。幼树春、夏季生长期施肥 2 ~ 3 次。春季应修剪整枝，成年树移植前需作断根处理。性喜高温、湿润、向阳之地，生长适温 23 ~ 32 ℃，日照 70% ~ 100%。耐热不耐寒，冬季需温暖避风，10 ℃以下预防寒害。

1 爪哇合欢
2 爪哇合欢
3 爪哇合欢

成长快速 - 雨豆树
Samanea saman

含羞草科常绿大乔木
原产地：美洲热带

雨豆树株高可达 20 m。叶互生，2 回偶数羽状复叶，小叶对生，歪卵状长椭圆形。头状花序于枝端腋生，花丝细长，前端淡红色，形似粉扑，春至秋季开花。荚果扁平，厚缘。树冠呈伞形，高挑优美，碧绿清爽，为优雅的庭园绿荫树、行道树。

● 繁殖：播种法为主，春季为适期。

● 栽培重点：栽培土质以壤土为佳，日照要充足。此树成长快速，春至夏季为生长旺盛期，幼树水分、肥料的供应要充足。冬季落叶后应整枝修剪 1 次。生性强健，喜高温多湿，生长适温 22 ～ 30 ℃。

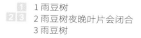
1 雨豆树
2 雨豆树夜晚叶片会闭合
3 雨豆树

榕类

Ficus microcarpa（榕树）

Ficus microcarpa var. *pusillifolia*（小叶榕）

Ficus microcarpa var. *crassifolia*（厚叶榕）

Ficus microcarpa var. *fuyuensis*（傅园榕）

Ficus irisana（涩叶榕）

Ficus pedunculosa var. *mearnsii*（鹅銮鼻蔓榕）

Ficus septica（棱果榕）

Ficus virgata（白肉榕）

Ficus wightiana （雀榕）

Ficus tinctoria（礁上榕）

Ficus garciae（干花榕）

Ficus formosana（羊乳榕）

Ficus microcarpa 'Golden Leaves'（黄金榕）

Ficus microcarpa 'Milky Stripe'（乳斑榕）

Ficus microcarpa 'Yellow Stripe'（黄斑榕）

Ficus microcarpa 'I-Non'（宜农榕）

Ficus auriculata（象耳榕）

Ficus lyrata（琴叶榕）

Ficus bengalensis var. *krishnae*（囊叶榕）

桑科常绿灌木或乔木

榕树别名：正榕

小叶榕别名：细叶榕、金门榕、瓜子叶榕

厚叶榕别名：圆叶榕

涩叶榕别名：糙叶榕

棱果榕别名：大冇树

白肉榕别名：岛榕

雀榕别名：笔管榕

礁上榕别名：山猪枷

羊乳榕别名：台湾天仙果

象耳榕别名：巨叶榕、大果榕

琴叶榕别名：提琴叶榕

原产地：

榕树：印度、马来西亚、澳大利亚、中国、日本

涩叶榕：热带地区、菲律宾、中国台湾

鹅銮鼻蔓榕：中国台湾恒春半岛、兰屿、绿岛

棱果榕：菲律宾、爪哇、帝汶、中国台湾

白肉榕：琉球、菲律宾、爪哇、马来西亚、中国台湾

雀榕：中国、日本、印度尼西亚、泰国

干花榕：菲律宾、中国台湾

小叶榕、厚叶榕、傅园榕、礁上榕、羊乳榕：中国台湾

象耳榕：中国、印度、缅甸、马来西亚、越南

琴叶榕：非洲热带

囊叶榕：印度、锡兰

黄金榕、乳斑榕、黄斑榕、宜农榕：栽培种

榕树：常绿大乔木，株高可达 20 m。干粗壮，气根多数。叶互生，倒卵形或卵形，革质，全缘。隐花果倒卵形，花紫红色或淡黄色。生性强健、抗风耐潮、耐旱耐贫瘠、耐修剪，绿荫遮天，适作防风林、盆景、行道树、庭园树。

小叶榕：榕树的栽培变种，常绿小乔木，株高可达 6 m。叶互生，狭椭圆形或狭卵形，革质，全缘。枝叶密致，抗风、抗空气污染、耐旱、耐贫瘠，极适合作绿篱、道路安全岛美化、修剪造型、庭园树等。

厚叶榕：常绿大乔木，株高可达 20 m。气根发达，叶互生，倒卵形或阔椭圆形，先端钝或圆，厚革质。抗风耐旱，适作行道树、园景树。

傅园榕：常绿灌木或蔓性灌木，株高可达 2 m。叶互生，椭圆形或倒卵形，先端有小突，厚革质。抗风、耐潮、耐旱，适合作盆景、庭园美化，目前栽培普遍。

涩叶榕：常绿中乔木，株高可达 15 m 以上，干皮黑褐色，分布于低海拔 800 m 以下的山区。叶互生，披针形至歪长卵形，先端尾渐尖，厚纸质，两面粗糙。隐花果有梗，球形，熟果橙红色。成年树枝叶易下垂，树形优美，绿荫遮天，适作行道树、庭园树。

鹅銮鼻蔓榕：常绿灌木或蔓性灌木，株高 20 ~ 60 cm。叶互生，倒卵形至椭圆形，革质，全缘。隐花果纺锤状，倒卵形，熟果红褐色。抗风耐旱、耐瘠耐潮，适于作边坡水土保持、庭园假山美化。

棱果榕：常绿乔木，株高可达 6 m。叶互生，卵形，两面平滑。果实扁球形。其特征为叶片大，浓绿荫蔽，生性强健，成长迅速，适作园景树。

白肉榕：常绿中乔木，株高可达 10 m，干通直。叶互生，歪长卵形，厚革质。隐花果橙黄至暗紫红色。树冠优美，耐风耐瘠，适作行道树、园景树。

雀榕：落叶大乔木，每年落叶 2 ~ 4 次，株高可达 18 m。叶椭圆形或长椭圆形，纸质，新叶红褐色。隐花果扁球形。耐风耐阴，树姿苍古，适作盆景、园景树。

礁上榕：蔓性灌木，常附生于珊瑚礁岩上。叶互生，卵状长椭圆形，厚革质。隐花果球形。耐旱耐潮、抗风，适于防风固沙。

干花榕：常绿大乔木，株高可达 20 m。叶互生，卵形，先端渐尖。隐花果径 2 ~ 3 cm，着生干上，果梗特长。枝叶健美，果实优雅，适作庭园树。

羊乳榕：常绿小灌木，株高 1 ~ 2 m。叶互生，倒卵形或菱形，先端突尖，纸质，叶背有毛。隐花果倒卵形，形似羊乳头，熟果紫红色。阴性树，枝叶纤细翠绿，适合荫蔽地庭园美化。

黄金榕：常绿小乔木，株高可达 6 m。叶倒卵形或椭圆形，厚革质，全缘；新萌发的叶呈金黄色，日照不足则老叶转绿色，日照愈强烈，叶色愈明艳。生性强健，耐旱耐贫瘠，适作行道树、园景树、盆栽、修剪造型，我国华南各地普遍栽培。

乳斑榕：常绿小乔木，株高可达 5 m。叶倒卵形或椭圆形，叶面具乳白色斑，革质，颇为逸雅美观。生长缓慢，适作盆栽、修剪造型、行道树或园景树，嫁接砧木可用榕树。

黄斑榕：常绿小乔木，株高可达 4 m。叶倒卵形或椭圆形，叶面有黄色斑，革质，枝叶清雅明媚。生长缓慢，适作盆栽、修剪造型、行道树或园景树，嫁接砧木可用榕树。

宜农榕：常绿灌木，株高可达 2 m。叶互生，椭圆形或倒卵形，厚革质，叶色明亮富光泽，其特征为叶片丛生枝端，朝天生长。生性健强但生长缓慢，适作盆栽、庭植美化。

1 榕树
2 榕树

象耳榕：常绿中乔木，株高可达9 m。叶常丛生枝端，叶片大、心形或阔卵形、纸质，叶面有皱状凸起，新叶褐红色。隐花果密生于枝干，压扁状球形或倒圆锥形，树冠绿意娉婷，成长迅速，适作行道树、庭园树。

琴叶榕：常绿乔木，株高可达15 m。叶片大、提琴形，先端截形或凹入，叶缘波状，硬革质。隐花果球形。树姿洁净青翠，适作大型盆栽、行道树、庭园树。

囊叶榕：常绿小乔木，株高可达5 m。枝叶均有茸毛。叶互生，囊状或匙形，叶柄细长，革质。隐花果黄色。叶形优雅美观，适作行道树、园景树。

●繁殖：播种、扦插、高压或嫁接法，春至夏季为适期。实生苗根部容易肥大，有利于养成盆景（如人参榕盆景）。高压法育苗速度快，目前业界普遍采用。斑叶品种亦可采用嫁接法，春季为嫁接适期。

●栽培重点：生性强健，栽培土质选择不严，排水良好而黏性不强的土壤均能成长，若土质肥沃则生长旺盛。栽培处日照需良好，尤其斑叶品种，日照强烈则斑纹明艳。春至秋季为生长盛期，幼株每2～3个月施肥1次。成年树每年春季定期整枝1次，盆景或已整形成为造型树植株全年都必须维护修剪。性喜高温多湿，极耐旱，生长适温23～32℃。

3 小叶榕
4 厚叶树

5 厚叶榕　　　10 棱果榕
6 傅园榕　　　11 白肉榕
7 涩叶榕　　　12 白肉榕
8 鹅銮鼻蔓榕　13 雀榕
9 棱果榕

观叶赏姿 - 榕树类

Ficus concinna（小长叶榕）
Ficus microarpa 'Amabigus'
（细叶正榕）
Ficus microcarpa 'Full Moon'
（满月榕）
Ficus microcarpa 'Ching Su'
（进士榕）

桑科常绿乔木
原产地：
小长叶榕：中国、菲律宾、印度、马来西亚、
印度尼西亚
细叶正榕、满月榕、进士榕：栽培种

1 2 3

1 小长叶榕
2 小长叶榕
3 细叶正榕

小长叶榕：灌木或小乔木，株高可达 2 m。叶互生，披针状长椭圆形，先端钝，叶长 3 ~ 4.5 cm，全缘，革质。隐花果顶出腋生，椭圆形。适作园景树、绿篱或盆栽。

细叶正榕：榕树的栽培变种，小乔木，株高可达 3 m。叶互生，长椭圆形或倒披针形，长 1.5 ~ 4 cm，宽 0.6 ~ 1.3 cm，全缘，革质。叶片细小青翠，质感密致，生性强健，适作园景树、行道树、绿篱或盆栽。

满月榕：小乔木，株高可达 5 m。叶互生，椭圆形或倒卵形，先端短尖，全缘，革质，叶面金黄色，新叶泛红褐色，荫蔽处或老叶逐渐转为绿色。隐花果腋生，熟果红或紫黑色。适作园景树、行道树、绿篱或盆栽。

进士榕：灌木或小乔木，株高可达 5 m。叶互生，椭圆形，先端圆或突尖，全缘，革质，新叶黄褐色。适作园景树、绿篱或盆栽，尤适于滨海地区绿化美化。

●繁殖：扦插、高压法，春至夏季为适期。

●栽培重点：栽培土质以壤土或砂质壤土为佳。排水、日照需良好（满月榕日照 60% ~ 70% 叶色最美）。年中施肥 3 ~ 4 次。性喜高温多湿，生长适温 20 ~ 30 ℃。

果球不凋 - **寄生榕**

Ficus deltoidea

桑科常绿灌木或小乔木
原产地：马来西亚

寄生榕株高 1 ~ 2 m，善分枝。叶倒卵形、全缘，厚革质。隐花果球形或卵形。黄绿色，成年植株常见果实点缀于枝头，历久不凋，甚为优雅。性耐阴，适作盆栽观赏。

● 繁殖：扦插或高压法，春至夏季为适期。

● 栽培重点：栽培土质以富含有机质的砂质壤土为佳，排水需良好，日照 50% ~ 70%。施肥可用有机肥料或氮、磷、钾肥料，每 1 ~ 2 个月施肥 1 次。盆栽每 2 年换盆换土 1 次。性喜高温，不耐寒，生长适温 22 ~ 30 ℃，冬季 13 ℃以下要预防寒害。

█ 寄生榕

叶姿清秀 - **垂榕类**

Ficus binnendijkii（亚里垂榕）
Ficus binnendijkii 'Alii Gold'（金亚垂榕）
Ficus benjamina 'Exotica'（波叶垂榕）
Ficus benjamin 'Golden Leaves'（黄金垂榕）
Ficus benjamina 'Natasia'（密叶垂榕）
Ficus benjamina 'Golden princess'（金公主垂榕）
Ficus benjamina 'Natasja Lemon'（密光垂榕）
Ficus benjamina 'Natasja Round'（密圆垂榕）
Ficus benjamina var. *comosa*（黄果垂榕）
Ficus benjamina 'Nana Album'（白玉垂榕）
Ficus benjamina 'Variegata'（斑叶垂榕）
Ficus benjamina 'Reginald'（月光垂榕）
Ficus cyathistipula（革叶榕）
Ficus triangularis（三角榕）
Ficus triangularis 'Variegata'（斑叶三角榕）
Ficus benjamina（垂榕）

桑科常绿小乔木
垂榕别名：白榕、孟占明榕
原产地：
亚里垂榕：马来半岛、婆罗洲
黄果垂榕：印度、菲律宾
革叶榕、三角榕：非洲热带
金亚垂榕、密光垂榕、密圆垂榕、波叶垂榕、黄金垂榕、密叶垂榕、
金公主垂榕、白玉垂榕、斑叶垂榕、月光垂榕、斑叶三角榕：栽培种

　　金亚垂榕：亚里垂榕的栽培变种，株高可达 5 m。叶线状披针形，革质，具金黄色斑，甚高雅。半阴或日照 60% ~ 70% 叶色最佳，适作庭植或盆栽。

　　亚里垂榕：常绿小乔木，株高可达 6 m。叶互生，线状披针形，革质，叶面曲角，主脉凸出，淡红色，叶片呈下垂状。树冠优美，成长迅速，耐旱耐瘠，适作绿篱、盆栽、行道树、园景树。

　　波叶垂榕：常绿乔木，株高可达 10m。叶互生，卵状椭圆形，先端尾尖，革质，富光泽。自然分枝多，枝软如柳，下垂状，枝叶柔美。生性强健，耐旱、抗风、耐阴。用途广泛，适作行道树、庭园树、修剪整形、绿篱或盆栽，可当室内植物。

　　黄金垂榕：常绿小乔木，株高可达 5 m。叶互生，长卵形，先端尖，革质，新叶金黄色，日照强烈叶色愈明艳，老叶或日照不足转绿色。叶色优雅，适作盆栽、行道树、园景树。

　　密叶垂榕：常绿小乔木，株高可达 4 m。叶互生，新叶披针形，老叶椭圆形或卵形，先端尾尖，革质。生长极缓慢，枝叶密集，

适作修剪整形、绿篱、盆栽、庭植美化。

　　金公主垂榕：常绿小乔木，株高可达 6 m。叶互生，椭圆形或卵形，先端尾尖，革质，叶面有不规则乳黄色斑纹，明亮富光泽，枝叶软垂。适作绿篱、盆栽、行道树、园景树。

　　密光垂榕：密叶垂榕的栽培变种，株高可达 3 m。叶互生，卵状披针形，全缘，革质，新叶具淡黄色斑，酷似萤光。枝叶密致独特，适作庭植、盆栽或修剪造型。

　　密圆垂榕：密叶垂榕的栽培变种，株高可达 2 m。叶互生，倒卵形，大小不一，生长极缓慢，适作绿篱或盆栽。

　　黄果垂榕：常绿乔木，株高可达 10 m。叶长卵形，先端渐尖、革质。隐花果无柄，球形或卵形，黄至橙红色，观姿赏果两相宜。适作盆栽、绿篱、行道树、庭园树。

　　白玉垂榕：常绿灌木，植株低矮，少有超过 1 m。叶长卵状披针形，先端斜弯渐尖，叶面有乳白色斑纹，波状缘，革质，

1 亚里垂榕

叶色清雅。适作盆栽、低篱、行道美化、园景树。

斑叶垂榕：常绿小乔木，株高可达5 m。叶卵状椭圆形，叶面有乳白色斑纹，先端尾尖，革质。适作盆栽、低篱、行道树、园景树。嫁接砧木可用垂榕。

月光垂榕：常绿小乔木，株高可达4 m。叶长卵形，先端尾尖，革质，叶面具黄绿色斑纹，如月光的萤光，极为优雅。性耐阴，喜好散漫光，适作盆栽、绿篱、园景树。

革叶榕：常绿乔木，株高可达5 m。

叶倒卵形，先端突尖，革质。大树枝叶浓密，性耐旱耐阴，适作行道树、园景树。

　　三角榕：常绿灌木或小乔木，株高可达3 m。叶阔椭圆形或倒卵形，先端平圆或凹入，革质，酷似

三角形，叶形雅致。枝条柔软，生长缓慢，适作盆栽或园景树。

　　垂榕：常绿乔木，株高可达10 m。叶互生，卵状椭圆形，先端尾尖，革质，富光泽。自然分枝多，

枝软如柳，下垂状，枝叶柔美。生性强健，耐旱耐瘠、抗风、耐阴、适作行道树、庭园树、修剪整形、绿篱或盆栽，可当室内植物。

●繁殖、栽培重点：请参阅 051 页。

6 密叶垂榕	10 黄果垂榕
7 金公主垂榕	11 白玉垂榕
8 密光垂榕	12 斑叶垂榕
9 密圆垂榕	13 月光垂榕

14 15 14 革叶榕
16 17 15 三角榕
16 斑叶三角榕
17 垂榕

叶大厚实 - **高山榕类**

Ficus altissima（高山榕）
Ficus altissima 'Golden edged'
（斑叶高山榕）

桑科常绿乔木
斑叶高山榕别名：富贵榕
原产地：
高山榕：中国及亚洲热带
斑叶高山榕：栽培种

高山榕：株高可达 15 m，新芽暗红褐色，气根细长。叶片极大，互生，椭圆形至长卵形，长 18 ~ 28 cm，宽 10 ~ 17 cm，具长柄，两面平滑，叶面深绿色，叶背淡绿色，叶脉黄绿色，侧脉 5 ~ 6 对，先端微突或钝圆，全缘，厚革质；幼叶的叶柄、主脉暗红色。果实腋生，为隐花果，球形或扁球形。生性强健，成长迅速，树冠浓密，叶大厚实，落叶甚少，耐旱、耐阴，适作园景树、行道树或大型盆栽。

斑叶高山榕：高山榕的栽培变种，株高可达 12 m。叶片比高山榕略小，互生，长卵形，长 15 ~ 24 cm，宽 8 ~ 15 cm，具长柄，两面平滑，叶面边缘具有淡绿色及黄色斑纹，叶脉黄绿色，侧脉 7 ~ 10 对，先端短突尖，全缘，厚革质。树冠浓密，叶大厚实，落叶少，叶色亮丽美观，适作园景树、行道树或大型盆栽。

●繁殖：高压或嫁接法，春至夏季为适期。斑叶高山榕嫁接砧木可用高山榕。

●栽培重点：栽培土质以壤土或砂质壤土为佳，排水需良好。高山榕全日照、半日照生长均理想。斑叶高山榕全日照下叶色较亮丽。春至夏季为幼株生长盛期，追肥 2 ~ 3 次。春季修剪整枝，春暖后枝叶生长更茂密。性喜高温多湿，生长适温 22 ~ 32 ℃。

1 高山榕
2 斑叶高山榕
3 斑叶高山榕

绿阴遮天 - **榕树类**

Ficus benghalensis（孟加拉榕）
Ficus cumingii（对叶榕）
Ficus fistulosa（猪母乳）
Ficus celebensis (irregularis)（柳叶榕）
Ficus maclellandii 'Glabrirecepta'（长叶垂榕）

桑科常绿乔木
孟加拉榕别名：红果榕
对叶榕别名：糙毛榕
猪母乳别名：水同榕
柳叶榕别名：细叶垂枝榕
长叶垂榕别名：麦克榕
原产地：
孟加拉榕：印度、斯里兰卡
对叶榕：中国、菲律宾及北加里、曼丹和巴布亚新几内亚
猪母乳：中国及南亚至东南亚
柳叶榕：亚洲热带
长叶垂榕：栽培种

孟加拉榕：常绿大乔木，株高可达 18 m。叶互生，阔卵形或椭圆形，长 10～20 cm，先端钝或圆，全缘，革质。隐花果无柄，腋生成对，球形，熟果深红色。枝叶茂密，红果可爱，气根着地后极易转变成支柱根，成年树气势雄伟，为优良的园景树。

对叶榕：常绿乔木，株高可达 8 m。叶对生，长卵形或披针形，长 10～15 cm，两面粗糙，全缘或具不规则浅疏锯齿缘。隐花果腋生，球形，粗糙，熟果由绿转淡红褐色。叶片对生，生性强健，适作园景树。

猪母乳：常绿小乔木，株高可达 8 m。叶丛生枝端，椭圆形或长卵形，长 10～20 cm，先端短突尖，全缘，幼叶红褐色。隐花果球形，幼树生于叶腋，

1
2

1 孟加拉国榕
2 对叶榕

老树簇生于主干或侧枝。性耐阴，喜潮湿，适作护坡树、园景树。

柳叶榕：常绿小乔木，株高可达 4 m。叶菱状歪披针形，叶缘具二棱角或浅裂状，革质。枝条细软，叶片下垂，风姿独具，适作盆栽、行道树、园景树。

长叶垂榕：常绿小乔木，株高可达 6 m。叶卵状披针形。适作行道树、园景树。

●繁殖：播种、扦插或高压法，但以高压育苗成长较迅速，春至夏季为适期。

●栽培重点：栽培土质以砂质壤土最佳；孟加拉榕、对叶榕日照需充足；猪母乳全日照、半日照均理想，土壤常保湿润，生长更旺盛。幼树每年施肥 2 ～ 3 次，春季定期做修剪整枝，以维护树形美观，成年树后则甚粗放。性喜高温多湿，生长适温 22 ～ 32 ℃。

3 猪母乳
4 柳叶榕
5 长叶垂榕

神圣之树 - 菩提树

Ficus religiosa（菩提树）
Ficus religiosa 'Variegata'（翡翠菩提树）

桑科半落叶大乔木
原产地：
菩提树：中国、印度、缅甸、斯里兰卡
翡翠菩提树：栽培种

菩提树株高可达 18 m。叶互生，心形或三角状，
阔卵形，先端尾尖，新叶红褐色。隐花果扁球形，
熟果呈暗紫色。此树在印度、缅甸皆被视为神圣之
树，相传释迦牟尼曾坐此树下得道成佛。园艺栽培
种称翡翠菩提树，叶面有白色斑纹。树冠优雅，生
长快速，适作行道树、庭园树。

●繁殖：扦插或高压法，早春为扦插适期，春、
夏、秋季均能高压育苗。

●栽培重点：不拘土质，表土深厚而排水良好
之地均能成长。日照需充足。早春应修剪整枝。幼
树每季追肥 1 次，成年树极为粗放。性喜高温多湿，
生长适温 22 ~ 32 ℃。

1 翡翠菩提树
2 菩提树
3 菩提树

厚实隔音 - **缅树类**

Ficus elastica（缅树）
Ficus elastica 'Decora'（红缅树）
Ficus elastica 'Doescheri'（锦叶缅树）
Ficus elastica 'Decora Schrijvereana'（彩斑缅树）
Ficus elastica 'Decora La France'（密叶缅树）
Ficus elastica 'Variegata'（斑叶缅树）
Ficus elastica 'Decora Tricolor'（美叶缅树）
Ficus elastica 'Decora Burgundy'（黑叶缅树）

桑科常绿乔木
缅树别名：印度橡胶树、缅榕、橡皮树、橡胶榕
红缅树别名：红肋橡胶树、红缅榕
锦叶缅树别名：锦叶橡胶树、锦叶缅榕
彩斑缅树别名：彩斑橡胶树、彩斑缅榕
密叶缅树别名：密叶橡胶树、密叶缅榕
斑叶缅树别名：斑叶橡胶树
美叶缅树别名：美叶橡胶树、美叶缅榕
黑叶缅树别名：黑叶橡胶树、黑叶缅榕
原产地：
缅树：印度、印度尼西亚、马来西亚
红缅树、锦叶缅树、彩斑缅树、密叶缅树、斑叶缅树、美叶缅树、黑叶缅树：栽培种

缅树

缅树株高可达 30 m，枝干易生气根。叶互生，椭圆形或长卵形，先端突尖，厚革质，全缘，新芽红或粉红色。隐花果长椭圆形，熟果紫黑色。园艺栽培变种极多，叶色变化丰富，有乳白、乳黄色斑纹和斑点镶嵌，叶色有暗绿、褐绿、紫黑等色。此类植物生性强健，树冠壮硕，成长迅速，耐风、耐旱、少有病虫害，叶姿厚重，幼株可盆栽作观叶植物，成年树为优良的庭园绿荫树、行道树。体内的白色乳汁曾作橡胶原料，现已被巴西橡胶树取代。

●繁殖：扦插或高压法，以高压法育苗为主，成活率高，春至秋季为适期。选中熟枝条环状剥皮，再包扎湿润水苔，经 20 ~ 30 天能发根。

●栽培重点：栽培土质选择性不严，但以肥沃的壤土或砂质壤土生长最佳，排水需良好。全日照、半日照均能成长，但日照强烈则生机旺盛且叶色明艳。幼树生长缓慢，春至夏季为生长旺盛期，每 1 ~ 2 个月施肥 1 次。每年春季应修剪整枝 1 次，若枝叶疏少，可摘心或截秆，促使分生侧枝；若欲促其长高，应随时修剪主干下部的侧芽、侧枝。盆栽如久置室内阴暗处，叶面斑纹会逐渐淡化，影响生长。性喜高温多湿，生长适温 22 ~ 32 ℃。

面包树
Artocarpus altilis

波罗蜜
Artocarpus heterophyllus

桑科常绿乔木
原产地：
面包树：波里尼西亚、马来西亚
波罗蜜：印度

面包树：常绿大乔木，株高可达 30 m。叶互生，卵状长椭圆形或阔卵形，全缘或上部羽状掌裂（3 ～ 9 裂），厚纸质。复合果球形或椭圆形，肥大肉质状，成熟后呈黄色，可烧烤食用，味如面包。树形健美，绿荫遮天，适作园景树，木材可制器具。

波罗蜜：常绿乔木，株高可达 20 m。叶互生，长椭圆形或倒卵形，革质，全缘或偶有浅裂。复合果卵状椭圆形，常着生于树干，重量可达 50 千克，为世界之冠，果色金黄，味香甜，可食用，风味佳。生性强健，适作行道树、园景树。

● 繁殖：播种或根茎扦插法，种子采自成熟新鲜的果实，取出种子立即播种，经 2 ～ 3 周即能发芽。另春季可掘取根茎扦插或长出的幼苗栽植。用实生苗栽培，面包树经 6 ～ 8 年才能结果，波罗蜜 3 ～ 5 年能结果。

● 栽培重点：不拘土质，但以表土深厚的砂质壤土最佳。土质肥沃则成长极为迅速。排水需良好，日照宜充足。成年树须根少，移植困难，若需移植应先作断根处理，修剪枝叶后再移植，尤其秋、冬季应避免移植。春、夏季为生长盛期，每 1 ～ 2 个月追肥 1 次，并充分补给水分，成年树甚为粗放。性喜高温多湿，生长适温 23 ～ 32 ℃。

1 面包树
2 波罗蜜
3 波罗蜜

构树

Broussonetia papyrifera

桑科落叶中乔木
别名：鹿仔树
原产地：中国、印度、日本

1 构树
2 构树

　　构树株高可达 15 m。叶卵形或掌状分裂，先端尖，锯齿缘。春季开花，雌雄异株，雄花荑荑花序，长穗状，绿色；雌花头状花序，花柱丝状，紫红色。多花聚合果球形，熟果红色，可当野果食用。树皮富含纤维，可制宣纸，叶片为养鹿饲料。树姿朴拙，成长迅速，耐湿抗风，适作园景树。

　　●繁殖：播种或扦插法，春季为适期。

　　●栽培重点：湿润的壤土或砂质壤土最佳。排水、日照需良好。冬季落叶后应整枝 1 次。性喜高温多湿，生长适温 22 ～ 30 ℃。

叶形奇特 - 号角树

Cecropia peltata

桑科落叶乔木
号角树别名：南美伞树
原产地：墨西哥至厄瓜多尔、波多黎各至牙买加

　　号角树株高可达 15 m 以上，汁液白色。叶互生，圆盾形，8 ～ 11 掌裂，直径 20 ～ 30 cm，裂片先端有小突尖，被柔毛，叶背灰白色。雌雄异株，伞形花序，花腋生。果实二叉棍棒状，熟果赤褐色，可食用，味如桑葚。成长迅速，叶片大，叶形奇特，适作园景树，幼树盆栽。木材可制吹奏号角乐器。

　　●繁殖：播种、高压法，春至夏为适期。

　　●栽培重点：栽培土质以壤土或砂质壤土为佳，排水需良好。日照70% ～ 100%。栽植地点要避免强风，以防折叶。幼树春、夏季施肥 2 ～ 3 次。性喜高温多湿，生长适温 22 ～ 30 ℃。

号角树

枝干优雅 - **龙爪桑**
Morus alba 'Tortuosa'

桑科落叶小乔木
栽培种

龙爪桑是桑树的栽培变种，株高可达 3 m。枝条圆柱形，呈 S 形扭曲。叶互生，阔卵形，先端尖，锯齿缘。春季开花，雌雄异株，雄花下垂，雌花直立。枝干优雅，为高级花材，适于庭植或盆栽。果实可生食、酿酒，药用如桑树。

●繁殖：扦插或嫁接法，春季为适期，嫁接砧木可用桑树。

●栽培重点：栽培土质以砂质壤土为佳。排水、日照需良好。春至秋季施肥 3 ~ 4 次。冬季落叶后修剪整枝，植株老化需强剪。性喜温暖耐高温，生长适温 18 ~ 28 ℃。

■ 龙爪桑

热带果树 - **猴面果**
Artocarpu lakoocha

桑科常绿乔木
原产地：印度、马来西亚、印度尼西亚、新加坡

猴面果株高可达 20 m。叶互生，长椭圆形，先端突尖，中肋、叶脉均有刚毛，全缘或疏锯齿缘，厚纸质。复合果压扁状球形或不规则卵形，熟果橙黄色，可食用。树冠健美，叶簇苍郁浓密，适作园景树。

●繁殖：播种或高压法，春、秋季适合播种，全年均能高压育苗。

●栽培重点：栽培土质以壤土或砂质壤土最佳，排水、日照需良好。幼树喜肥分、水分，春至夏季每 1 ~ 2 个月追肥 1 次。每年春季应修剪整枝 1 次。性喜高温多湿，生长适温 23 ~ 32 ℃，幼树冬季需温暖越冬。

■ 猴面果

小叶桑
Morus australis

桑科落叶小乔木
别名：蚕仔桑、鸡桑
原产地：中国及东亚至东南亚

小叶桑株高可达5 m。叶互生，卵形或阔卵形，先端尖，锯齿缘。雌雄异株，雄花菜荑花序，雌花穗状花序。果实长椭圆形。叶可养蚕、药用；果可食用，甜蜜可口。适作园景树，幼株可作盆栽。

● 繁殖：春至夏季用播种、扦插、高压法。

● 栽培重点：排水良好的砂质壤土最佳，日照需良好。幼树春、夏季追肥。冬季落叶后整枝。性喜高温，生长适温20 ~ 30 ℃。

1 小叶桑
2 小叶桑

辛香植物 - **辣木**

Moringa oleifera

辣木科落叶小乔木
原产地：印度、马来西亚

　　辣木株高可达 8 m，地下有块根。2 ~ 3
回羽状复叶，小叶椭圆形，先端钝。夏季开
花，小花白色，具芳香。果实长筒形有纵沟，
长可达 40 cm。全株具独特香辛味，叶及嫩
果可作菜肴，块根可制调味料，种子可焙烤、
榨油，非洲、印度和马来西亚人常食用或药
用。生性强健，生长快速，适作庭植或盆栽。
　　●繁殖：播种法，春季为适期。
　　●栽培重点：栽培土质以壤土或砂质壤
土为佳。排水、日照需良好。春至夏季施肥
2 ~ 3 次，生长极迅速。冬季落叶后修剪整枝。
性喜高温多湿，生长适温 23 ~ 32 ℃。

1 辣木
2 辣木
3 辣木

树姿可爱 - **象腿辣木**
Moringa thouarsii

辣木科常绿乔木
象腿辣木别名：象脚树
原产地：非洲热带

　　象腿辣木株高可达6 m，树干肥厚多肉，树干基肥大似象腿，因此得名。叶对生，2回羽状复叶，小叶极细小，椭圆状镰刀形，粉绿至粉蓝色。夏季开花，圆锥花序腋生，花黄色。树干弯曲，叶簇疏松，迎风飘曳，酷似国画造型，奇致可爱，为高级园景树。

　　●繁殖：播种法，春季为适期。

　　●栽培重点：栽培土质以壤土或砂质壤土为佳，排水、日照需良好，排水不良根部易腐烂。成年树侧枝疏少，修剪整枝时，需特别注意树形的平衡美观，不可任意修剪。性喜高温，耐旱，生长适温 22 ～ 32 ℃。

1 象腿辣木
2 象腿辣木
3 象腿辣木

酸甜可口 - **杨梅**
Myrica rubra

杨梅科常绿乔木
别名：树梅
原产地：中国、日本、韩国、朝鲜、菲律宾

杨梅株高可达 15 m。叶互生，倒卵形，全缘或上半部有疏锯齿。雌雄异株，葇荑花序。核果球形或椭圆形，外被细瘤粒，熟果鲜红色，酸甜可口，可生食或制蜜饯。生性强健，生长缓慢，树姿美观，耐旱耐瘠，适作行道树、园景树、诱鸟树、绿篱。园艺栽培种有大果杨梅。

●繁殖：播种或扦插法，春、秋季为适期。

■ 杨梅

●栽培重点：土层深厚的壤土或砂质壤土为佳，排水、日照需良好。每季施肥1次。春季应整枝，夏季应修剪徒长枝，促进结果。性喜温暖至高温，生长适温 15 ～ 28 ℃。

酸甜可口 - **大果杨梅**
Myrica rubra 'Moriguchi'

杨梅科常绿小乔木
栽培种

大果杨梅是杨梅的栽培变种，株高可达 4 m。叶倒披针形或长椭圆形，先端钝圆或尖，全缘。雌雄异株，葇荑花序，花腋生。核果球形，径 1.8 ～ 2.2 cm，果表被细瘤粒，熟果红色，味酸甜可口，可生食、制蜜饯。生性强健，枝叶浓密，适作经济果树、园景树、行道树和盆栽。

●繁殖：嫁接法，春季为适期，砧木可选用杨梅。

●栽培重点：栽培土质以壤土或砂质

■ 大果杨梅

壤土为佳。排水、日照需良好。春至秋季施肥 3 ～ 4 次。果后修剪整枝，成年树移植需作断根处理。性喜温暖耐高温，生长适温 15 ～ 28 ℃。

肉豆蔻类

Myristica fragrans（肉豆蔻）
Myristica cagayanensis
（兰屿肉豆蔻）
Myristica elliptica var. *simiarum*
（红头肉豆蔻）

肉豆蔻科常绿乔木
肉豆蔻别名：玉果
兰屿肉豆蔻别名：卵果肉豆蔻
红头肉豆蔻别名：球果肉豆蔻
原产地：
肉豆蔻：摩鹿加群岛
兰屿肉豆蔻：菲律宾、中国
红头肉豆蔻：菲律宾、中国

1 肉豆蔻
2 兰屿肉豆蔻
3 红头肉豆蔻

肉豆蔻：常绿小乔木，株高可达 5 m。叶互生，椭圆形或椭圆状披针形，长 4 ~ 7 cm，先端短渐尖，全缘，革质。聚伞或圆锥花序，核果梨形或卵形，具短梗，果皮皱缩状，熟果褐色，2 瓣开裂，假种皮红色。热带著名香料植物，假种皮可作香辛调味料，其精油可制香皂、头油、香料。适作园景树、行道树。

兰屿肉豆蔻：常绿大乔木，株高可达 20 m，干直。叶互生，长椭圆形，长 15 ~ 25 cm，先端锐，全缘，厚纸质至革质。雄花聚伞或圆锥花序腋生，小花黄白色。核果卵状椭圆形，果皮有褐毛，熟果赤褐色，2 瓣开裂，假种皮红色。种子含油脂，可供染布定色。假种皮和种仁可制健胃药、香料代用品。适作园景树、行道树。

红头肉豆蔻：常绿中乔木，株高可达 15 m。叶互生，长椭圆形，长 8 ~ 15 cm，先端锐，全缘，硬纸质或薄革质。聚伞或圆锥花序，顶梢腋生，小花黄白色。核果球形，果皮光滑，果顶微凸，熟果黄橙色，2 瓣开裂，假种皮红色。适作园景树、行道树。

●繁殖：播种法，春季为适期。

●栽培重点：栽培介质以壤土或砂质壤土为佳。幼树春至夏季施肥 2 ~ 3 次。春季修剪整枝，成年树移植之前需作断根处理。性喜高温、湿润、向阳之地，生长适温 23 ~ 32 ℃，日照 70% ~ 100%。

紫金牛科 MYRSINACEAE

树杞、兰屿树杞

Ardisia sieboldii（树杞）
Ardisia elliptica（兰屿树杞）
Ardisia elliptica 'Punctatum
Aureum'（中斑兰屿树杞）

紫金牛科常绿灌木或小乔木
树杞别名：东南紫金牛
中斑兰屿树杞别名：中斑兰屿紫金牛
兰屿树杞别名：滨树杞
原产地：
树杞：中国、日本
兰屿树杞：中国台湾
中斑兰屿树杞：栽培种

1 树杞
2 树杞开花
3 树杞
4 兰屿树杞
5 中斑兰屿树杞

树杞：常绿小乔木，树高可达 5 m，幼嫩部分被褐色鳞片或粒状茸毛。叶丛生枝端，长椭圆形或倒披针形、倒卵形，先端钝，基部锐，革质，全缘。夏季开花，伞形花序作伞房排列，花冠白或淡红色。果实球形，熟果由红转黑色。抗风耐瘠，萌芽力强，适作园景树。

兰屿树杞：常绿灌木或小乔木，株高可达 3 m。叶互生，常丛生枝端，倒卵形或披针形，先端钝或锐形，厚肉质，全缘。

伞形花序，花冠粉红至淡紫色。果实扁球形，熟果呈黑色。生性强健，耐旱、耐风、耐潮，生长缓慢，极适合滨海地区作绿篱、园景树或盆栽。园艺栽培种有中斑兰屿树杞。

●繁殖：播种、扦插或高压法，春至夏季为适期。

●栽培重点：不拘土质，但以排水良好、富含有机质的壤土或砂质壤土最佳，日照要充足。树杞较耐阴，半日照生长亦良好。春至秋季为生长盛期，每 2 ~ 3 个月施肥 1 次。每年春季修剪整枝 1 次，能促进枝叶生长更旺盛；绿篱栽培应常做修剪，枝叶才能茂密。树杞性喜温暖至高温，生长适温 18 ~ 28 ℃；兰屿树杞性喜高温，生长适温 23 ~ 32 ℃。

斑叶兰屿树杞

Ardisia elliptica 'Variegata'

紫金牛科常绿灌木或小乔木
斑叶兰屿树杞别名：斑叶兰屿紫金牛
栽培种

斑叶兰屿树杞是兰屿树杞的栽培变种，株高可达 2.5 m。叶互生，倒卵形或倒披针形，先端钝或短尖，全绿，厚肉质，叶面有淡黄色斑纹。伞形花序，花腋生，花冠淡红色。浆果扁球形。生性强健、耐风、耐旱，叶色优雅，适作庭植美化、绿篱或盆栽。

●繁殖：扦插法，春至秋季为适期。

●栽培重点：栽培土质以壤土或砂质壤土为佳。排水、日照需良好。春至秋季施肥 3 ~ 4 次。春季修剪整枝，植株老化应施以强剪。性喜高温多湿，生长适温 22 ~ 32 ℃。

1 2
1 斑叶兰屿树杞
2 斑叶兰屿树杞

观姿赏果 - **春不老**

Ardisia squamulosa（春不老）
Ardisia squamulosa 'Variegata'
（斑叶春不老）

紫金牛科常绿灌木或小乔木
春不老别名：东方紫金牛
原产地：
春不老：中国及东南亚
斑叶春不老：栽培种

春不老：株高可达 4 m，全株光滑。叶互生，倒披针形或倒卵形，先端尖，叶柄紫红色。夏季开花，花腋生，伞形花序，花冠桃红或紫白色。核果扁球形，成熟后红转紫黑色，玲珑可爱。成年树结实累累，叶簇翠绿，生性强健，耐风耐阴，抗瘠，适作绿篱、修剪造型、庭园美化或大型盆栽。

斑叶春不老：株高可达 2 m，幼枝暗色。叶互生，倒披针形或长椭圆形，全缘或不规则波状缘，革质，叶面有白色或乳黄色斑纹，春季新叶暗红色。伞形花序，花腋生，小花淡白紫色。核果扁球形，熟果红转黑色。观叶、观果皆为上品，适作园景树、盆栽。

●繁殖：播种法，春至秋季均能育苗。

●栽培重点：不择土质，但以砂质壤土最佳，全日照、半日照均理想。每季施肥 1 次。全年均可修剪整枝，植株老化应施以强剪。性喜高温多湿，生长适温 22 ～ 32 ℃。

1 斑叶春不老
2 春不老
3 春不老

台湾山桂花

Maesa tenera

紫金牛科常绿灌木
别名：柔弱杜茎山
原产地：中国、日本、越南

　　台湾山桂花株高可达 3 m。叶互生，椭圆形或长椭圆形，先端尖或钝，波状锯齿缘，中肋凹下。春季开花，总状花序或圆锥花序，花冠白色或绿白色。果实球形，熟果白色。生性强健，粗放，耐旱也耐湿、耐阴、抗瘠，适作绿篱、水土保持或庭植美化。

　　●繁殖：播种、扦插法，春季为适期。

　　●栽培重点：土质以壤土或砂质壤土为佳。全日照、半日照均理想。每季施肥 1 次、全年均能修剪整枝，老化的植株施以强剪。性喜温暖至高温，生长适温 15 ～ 30 ℃。

■ 台湾山桂花

苦槛蓝科 MYOPORACEAE

药用植物 - 苦槛蓝

Myoporum bontioides

苦槛蓝科常绿灌木
别名：甜蓝盘
原产地：中国、日本

　　苦槛蓝分布于我国东南沿海地区，生于海潮界线上，株高 1 ～ 3 m。叶互生，常丛生于枝端，倒披针或长椭圆形，全缘，厚肉质。花腋生，花冠淡紫色，具长梗，漏斗状钟形。核果球形，尖头。耐旱耐风、耐潮抗瘠，适合作绿篱、防风定沙、庭植美化或药用。

　　●繁殖：播种、扦插法，春至夏季为适期。

　　●栽培重点：栽培土质以砂土或砂质壤土最佳，排水、日照需良好。春至秋季每季施肥 1 次。春、夏季最适合修剪整枝，绿篱栽培全年需修剪，以促使枝叶茂密。性喜高温，生长适温 22 ～ 32 ℃。

■ 苦槛蓝

斑叶苦槛蓝

Myoporum bontioides 'Variegata'

苦槛蓝科常绿灌木
栽培种

斑叶苦槛蓝是苦槛蓝的栽培变种，株高可达 1.5 m。叶互生，倒披针形或长椭圆形，先端渐尖，全缘，肉质，叶面有淡黄色斑纹。花腋生，花冠淡紫色。生性强健，耐风、耐旱，叶色优美，适作庭植美化、绿篱或盆栽。

●繁殖：扦插法，春至秋季为适期。

●栽培重点：栽培土质以壤土或砂质壤土为佳。排水、日照需良好。春至秋季生长期间施肥 3 ~ 4 次，有机肥料最佳。春季修剪整枝，植株老化应施以强剪。性喜高温多湿，生长适温 22 ~ 32 ℃。

斑叶苦槛蓝

干花果树 - 嘉宝果

Myrciaria cauliflora（嘉宝果）
Myrciaria cauliflora 'Variegata'
（斑叶嘉宝果）

桃金娘科常绿灌木或小乔木
嘉宝果别名：树葡萄、拟香桃木
原产地：
嘉宝果：巴西
斑叶嘉宝果：栽培种

1 嘉宝果
2 嘉宝果
3 斑叶嘉宝果

嘉宝果株高 2 ~ 5 m，干光滑，表皮易脱落。叶对生，长卵形或长椭圆形，先端尖，全缘，新叶淡红色。春至夏季开花，常簇生于枝干，花后结果，熟果紫黑色，酸甜美味，可食用，风味佳。四季常绿，耐旱抗风，适作庭植美化，作诱鸟树或大型盆栽。园艺栽培种有斑叶嘉宝果。

●繁殖：播种法，春、秋季为适期。

●栽培重点：栽培土质以肥沃的砂质壤土最佳，排水、日照需良好。秋至春季为生长盛期，每 1 ~ 2 个月施肥 1 次，成年树多施磷、钾肥能促进开花结果。秋季应修剪整枝。性喜温暖耐高温，生长适温 20 ~ 30 ℃。

叶浓果香 - **蒲桃类**

Eugenia malaccense (Syzygium malaccens)（马来蒲桃）
Eugenia pitanga（单子蒲桃）
Eugenia javanica (Syzygium samarangense)（莲雾）
Eugenia jambos (Syzygium jambos)（蒲桃）
Eugenia cuminii (Syzygium cuminii)（肯氏蒲桃）
Syzygium firmum（大蒲桃）

桃金娘科常绿灌木或乔木
蒲桃别名：香果
莲雾别名：洋蒲桃
肯氏蒲桃别名：莙宝莲、海南蒲桃、乌墨
大蒲桃别名：海莲雾、海蒲桃
原产地：
马来蒲桃：马来西亚
单子蒲桃：巴西、阿根廷
蒲桃：中国及亚洲热带
肯氏蒲桃：马来西亚、印度及大洋洲
大蒲桃：亚洲热带

马来蒲桃：常绿中乔木，株高可达 10 m。叶对生，长椭圆形或倒卵形，先端钝或尖，全缘。春至夏季开花，聚伞花序，花冠鲜红色。果实倒圆锥形，红色或淡黄色，具紫色纵沟或斑点，可食用、制果酱。成年树健壮，花姿美妍，适作园景树。

单子蒲桃：常绿灌木，株高 1 ~ 2 m。叶对生，椭圆形，厚革质，全缘，新叶红色有毛。春季开花，聚伞花序，白色。果实球形，熟果鲜红色，可食用。适作庭园美化或盆栽。

莲雾：常绿大乔木，株高可达18 m，为重要经济果树。叶对生，长椭圆形或长椭圆状披针形。春至夏季开花，聚伞花序，花冠白色。浆果倒圆锥形，含大量水分，可生食。果肉脆，糖度高，品质优良。树形优美，为优良园景树。

蒲桃：俗称香果，常绿小乔木，株高可达 9 m。叶对生，长椭圆状披针形。春季开花，聚伞花序，花冠黄绿色。浆果卵

马来蒲桃

圆形，淡黄白色，具玫瑰香气，中空，内藏种子1～3粒，摇动有声，果肉缺水，淡甜，可生食。树形健美，为高级园景树、行道树或作绿篱。

肯氏蒲桃：常绿中乔木，树高可达10 m。叶对生，卵状长椭圆形，先端渐尖，春至夏季开花，短圆锥花序，花冠白或带紫色。浆果近球形，暗红至紫黑色。成年树枝叶茂密，适作行道树、园景树。园艺栽培种有狭叶董宝莲。

大蒲桃：常绿乔木，株高可达10 m。叶对生，长椭圆形，先端尖。春至夏季开花，聚伞花序。枝叶葱翠，适作园景树。

●繁殖：播种、扦插或高压法，另莲雾也常用嫁接法，春季为最佳适期。

●栽培重点：栽培土质以肥沃湿润的壤土或砂质壤土最佳，排水、日照需良好。幼株定植宜预理基肥，生长期间每2～3个月施肥1次。成年树多施磷、钾肥，能促进开花结果。注意修剪徒长枝。性喜高温多湿，生长适温22～30 ℃，冬季移植需保温，以避免寒害。

2		6	
3		7	
4		8	
5		9	

2 单子蒲桃 6 蒲桃
3 单子蒲桃 7 肯氏蒲桃
4 莲雾   8 大蒲桃
5 蒲桃   9 大蒲桃

树冠健美 - **狭叶蒲桃**

Syzygium cuminii var.
caryophyllifolium

桃金娘科常绿乔木
别名：狭叶乌墨
原产地：印度、巴基斯坦、马来西亚

狭叶蒲桃株高可达 8 m。叶对生，披针形，先端渐尖，全缘，革质。春至夏季开花，花冠白至淡黄色。浆果钝圆锥形，熟果紫褐色。生性强健，枝叶四季浓绿，为高级园景树、行道树。

●繁殖：播种法，春至夏季为适期。

●栽培重点：栽培土质以壤土或砂质壤土为佳，排水、日照需良好。幼树生长较缓慢，每 1 ~ 2 个月追肥 1 次，成年树极粗放。春季应修剪整枝，修剪主干下部侧枝，能促进长高。性喜高温，生长适温 20 ~ 30 ℃。

1 2
1 狭叶蒲桃
2 狭叶蒲桃

枝叶密致 - **赤楠类**

Syzygium formosanum（台湾赤楠）
Syzygium buxifolium（小叶赤楠）

桃金娘科常绿中乔木或小乔木
台湾赤楠别名：台湾蒲桃
小叶赤楠别名：鱼鳞木
原产地：
台湾赤楠：中国台湾
小叶赤楠：中国、日本、越南

1	2
3	4

1 台湾赤楠
2 台湾赤楠
3 小叶赤楠
4 小叶赤楠

台湾赤楠：我国台湾省特有品种。中乔木，叶对生，长椭圆至倒卵形，先端钝或渐尖，长 6 cm，宽 2.7 cm，革质，新叶褐红色。花冠淡白色，浆果球形。

小叶赤楠：小乔木，叶对生，椭圆形或阔卵形，先端圆或凹，长 3.5 cm，宽 1.5 cm，革质。花冠淡白色，浆果球形，熟果黑色。

此类植物分布于低、中海拔阔叶林内，树形优雅，生长缓慢，适作绿篱、园景树。

●繁殖：播种法，春季为适期。

●栽培重点：栽培以砂质壤土最佳，排水、日照需良好。成年树移植困难。春季应做整枝。性喜温暖至高温，生长适温 18 ～ 30 ℃。

大花赤楠

Syzygium tripinnatum

桃金娘科常绿小乔木
原产地：中国、菲律宾

大花赤楠株高可达 8 m。叶对生，长卵形、披针形或椭圆形，先端尾尖，全缘。春末至夏季开花，伞房状聚伞花序，顶生，花冠白色，雄蕊多数，花丝细长。果实近椭圆形，熟果红色。花姿清丽，耐阴，适作园景树或大型盆栽。

●繁殖：播种法，春季为适期。

●栽培重点：栽培土质以壤土或砂质壤土为佳，排水需良好。全日照、半日照均理想。春至秋季施肥 3 ~ 4 次。花、果期过后应修剪整枝。性喜高温，生长适温 23 ~ 32 ℃。

■ 大花赤楠

叶色独特 - **长红木**

Syzygium rubrum
(*S. campanulatum*)

桃金娘科常绿灌木或小乔木
原产地：马来西亚

长红木株高可达 2.5 m，幼枝红褐色。叶对生，长卵形或长椭圆状阔披针形，先端钝，全缘，革质，春至夏季萌发新叶，叶暗红至红褐色，叶色优美出色。聚伞花序，花腋生。适作园景树、绿篱或大型盆栽。

●繁殖：扦插法，春季为适期。

●栽培重点：栽培土质以腐殖质土或砂质壤土为佳。排水、日照需良好。春至夏季生长期施肥 2 ～ 3 次，施用氮肥偏多则叶色较美观。早春应修剪整枝，植株老化需重剪并施肥；绿篱栽培可随时修剪；修剪主干侧枝能促进长高。性喜高温多湿，生长适温 22 ～ 30 ℃。

1 长红木
2 长红木可修剪造型
3 长红木

密脉赤楠
Syzygium densinervium var. *insulare*

金门赤楠
Syzygium grijsii

桃金娘科常绿灌木或小乔木
金门赤楠别名：轮叶蒲桃
原产地：
密脉赤楠：中国
金门赤楠：中国

密脉赤楠：常绿灌木或小乔木，株高可达 5 m，幼枝光滑。叶对生，倒卵状椭圆形，先端钝或短突尖，全缘，厚革质，侧脉密集。聚伞状圆锥花序顶生，小花白色。浆果状核果卵形，熟果暗紫红色。适作园景树、诱鸟树、绿篱。

金门赤楠：常绿小灌木，株高可达 120 cm，枝叶纤细。叶对生或 3 枚轮生，有披针形、长椭圆形或倒卵状长椭圆形，长 1.5 ~ 3 cm，先端钝圆，全缘，革质，新叶暗红色。聚伞花序顶生，花冠白色。浆果球形，熟果暗紫红色。适作园景树、绿篱、地被。

●繁殖：播种、扦插或高压法，春季为适期。

●栽培重点：栽培介质以壤土或砂质壤土为佳。春至秋季施肥 3 ~ 4 次。春季修剪整枝，绿篱随时作必要的修剪。性喜高温、湿润、向阳之地，生长适温 22 ~ 30 ℃，日照 70% ~ 100% 为宜。

1 密脉赤楠
2 金门赤楠

香料植物 - 丁香
Syzygium aromatica

桃金娘科常绿小乔木
原产地：印度尼西亚马鲁古群岛

丁香株高可达 15 m。叶对生，长椭圆形或披针形，全缘。圆锥花序，花顶生，花冠黄绿色，花、叶均具芳香味。果实长椭圆形。花蕾含精油，可药用作健胃驱风剂，是洋酒、糖果、肉类制品等食品的重要香料。叶亦可提炼香精，制香水、肥皂等用途。适作园景树。

●繁殖：播种法，春至夏季为适期。

●栽培重点：栽培土质以壤土或砂质壤土为佳，排水、日照需良好。春末至夏末每月施肥 1 次。春季应修剪整枝。性喜高温，生长适温 24 ~ 32 ℃，冬季需温暖，忌寒害。

丁香

热带果树 - **番石榴**

Psidium guajava（番石榴）
Psidium guajava 'Variegata'（斑叶番石榴）
Psidium guajava 'Dr. Rant's'（锯拔）

桃金娘科常绿大灌木或小乔木
番石榴别名：拔那
原产地：
番石榴：美洲热带、西印度
斑叶番石榴、锯拔：栽培种

　　番石榴在我国已驯化，是重要的经济果树之一。树皮光滑，株高可达 4 m，小枝四角形。叶对生，椭圆或长椭圆形，背有毛，厚纸质。全年均能开花结果，浆果球形或长卵形，可生食，也可制果汁、蜜饯。生性强健，可作园景树、诱鸟树。园艺栽培种有斑叶番石榴、锯拔等。

　　●繁殖：播种、嫁接法。实生苗通常可作砧木，嫁接优良栽培种，春、夏季为适期。

　　●栽培重点：栽培土质以砂质壤土为佳，排水、日照需良好。每季施肥 1 次，早春应施用有机肥 1 次。开花结果量多，应疏花疏果、摘心。性喜高温，生长适温 20 ~ 30 ℃。

2
3
1 4

1 番石榴
2 番石榴
3 斑叶番石榴
4 锯拔

耐旱抗瘠 - 十子木
Decaspermum gracilentum

桃金娘科常绿灌木或小乔木
别名：子楝树、米碎木
原产地：中国、越南

　　十子木株高 1 ~ 3 m。叶对生，倒卵状
长椭圆形或椭圆状披针形，先端尾状锐尖，
革质，全缘。聚伞花序，花腋生，花冠白色。
浆果球形，熟果黑色。枝叶翠绿，可庭植美化、
作诱鸟树或作花材，小枝可制扫把。
　　●繁殖：播种法，春、夏季为适期。
　　●栽培重点：栽培土质以排水良好的砂
质壤土为佳，全日照、半日照均理想。幼株
喜肥、好水分，应每季施肥 1 次。每年春季
应修剪整枝，老化的植株应施行强剪。性喜
高温多湿，生长适温 23 ~ 32 ℃。

1 十子木
2 十子木
3 十子木

小弹珠
Acmena smithii

千头楠
Acmena 'Doubloon'

桃金娘科常绿小乔木
小弹珠别名：澳洲番樱桃、小弹珠肖蒲桃
千头楠别名：千头肖蒲桃
原产地：
小弹珠：大洋洲
千头楠：栽培种

小弹珠：常绿小乔木，株高可达 12 m，小枝暗红色。叶对生，卵形或卵状披针形，先端钝或锐尖，革质，全缘，幼叶红褐色。春、夏季开花，短聚伞花序，花冠白或淡红色。花后能结果实，浆果球形至扁球形，熟果紫红或暗红色，酸甜可口，可生食。成年树枝叶浓密，适作绿篱、行道树、园景树或诱鸟树。

千头楠：常绿小乔木，株高可达 2 m，善分枝。叶对生，长椭圆形，先端渐尖，厚革质，全缘，新叶褐红色。春至夏季开花，短聚伞花序，花冠淡白色，浆果球形。其枝叶细密，叶色终年青翠，为绿篱、修剪造型、园景树的高级树种，风格独具。

●繁殖：小弹珠可用播种或扦插法，秋季为适期。千头楠结果少，采收种子较困难，可用扦插法育苗，秋季气温转凉后扦插为佳。

●栽培重点：栽培土质以湿润而排水良好的壤土或砂质壤土为佳，日照要充足。成年株移植困难，应先作断根处理。生长期间需水多，要充分补给水分，每 1 ~ 2 个月施肥 1 次，成年树施磷、钾肥偏多能促进开花结果。秋季应修剪整枝 1 次，绿篱或已整型的树全年均可做修剪，以避免枝条徒长，维护树形美观。性喜温暖至高温，生长适温 18 ~ 28 ℃。

1 小弹珠
2 小弹珠
3 小弹珠
4 小弹珠
5 千头楠
6 千头楠

枝叶浓密－**赛赤楠**
Acmena acuminatissima

桃金娘科常绿中乔木
别名：肖蒲桃、荔枝母
原产地：中国、大洋洲及亚洲热带

赛赤楠株高可达 10 m，小枝红紫色。叶对生，卵状披针形，尾状锐尖，长 8 ～ 12 cm，全缘，软革质，浓绿富光泽，幼叶红褐色。成年树枝叶软垂，非常优雅，为园景树、行道树的上选，值得推广。

●繁殖：播种法，春季为适期。

●栽培重点：栽培土质以壤土或砂质壤土为佳，排水、日照需良好。成年树移植困难，宜先作断根处理，幼树采用容器栽培。年中施肥 2 ～ 3 次，春季做修剪整枝。春至夏季为生长旺盛期，不可干旱缺水。性喜高温多湿，生长适温23 ～ 32 ℃。

赛赤楠

精油树种 - **澳洲茶树**

Melaleuca altrnifolia

桃金娘科常绿乔木
澳洲茶树别名：互叶白千层
原产地：澳大利亚

　　澳洲茶树株高可达4 m，主干通直，善分枝，小枝细软，枝叶具芳香。叶对生，无柄，线状披针形，长1.2 ~ 2.5 cm，宽0.1 ~ 0.2 cm，全缘。叶片纤细，树形柔美，适作园景树、盆栽。枝叶可提炼高级精油，药用能抗病毒、抗发炎、抗病菌。

　　●繁殖：播种、扦插法，春、秋季为适期。

　　●栽培重点：栽培土质以壤土或砂质壤土为佳。排水、日照需良好。幼树生长期每1 ~ 2个月施肥1次。春季可修剪整枝，修剪主干下部侧枝，能促进植株长高。性喜温暖至高温，生长适温18 ~ 30 ℃。

1 澳洲茶树
2 澳洲茶树
3 澳洲茶树

黄金串钱柳

Melaleuca bracteata 'Golden Leves'

白千层

Melaleuca leucadendra

桃金娘科常绿乔木
黄金串钱柳别名：黄金苞香木
白千层别名：脱皮树
原产地：
白千层：大洋洲、印度、马来西亚
黄金串钱柳：栽培种

　　黄金串钱柳：常绿大灌木或乔木，株高可达 10 cm。叶细小，线状披针形或狭线形，螺旋状排列，金黄色，具特殊香气，树冠酷似针叶树。夏至秋季开花，穗状花序，白色。生性强健，耐热、耐旱、耐风，枝叶金黄亮丽，风格独具，适作园景树、行道树、盆栽。

　　白千层：株高可达 6 m，树干突瘤状弯曲，树皮多层，柔软具弹性似海绵。叶互生，披针形，酷似相思树叶。夏至秋季开花，圆柱形穗状花序顶生于枝梢，小瓶刷状，乳黄色，为优美的庭园树、行道树或防风树。

　　●繁殖：播种法，春季为适期。播种成苗后经肥培 2 年，苗高约 1 m 可定植。

　　●栽培重点：栽培土质以富含有机质的砂质壤土为佳，排水需良好，日照需充足。肥料以有机肥或氮、磷、钾肥料为主，每年分 3 ～ 4 次施用。幼株生长期需水较多，要充分补给水分。性喜高温多湿，生长适温 22 ～ 30 ℃。

| 1 | | 3 | 4 |
| 2 | | 5 | 6 |

1 黄金串钱柳　　　3 白千层
2 黄金串钱柳　　　4 白千层树皮木栓组织发达，具弹
　　　　　　　　　　性，老化后能脱落
　　　　　　　　　5 白千层
　　　　　　　　　6 白千层幼叶

枝叶馥郁 - **桉树类**

Eucalyptus robusta（大叶桉）
Eucalyptus citriodora（柠檬桉）
Eucalyptus camaldulensis（赤桉）
Eucalyptus grandis（玫瑰桉）
Eucalypyus cinerea（银叶桉）

桃金娘科常绿灌木或乔木
大叶桉别名：油加利
玫瑰桉别名：巨桉
原产地：
大叶桉、赤桉、玫瑰桉、银叶桉：大洋洲

　　大叶桉：常绿大乔木，株高可达 18 m，树皮粗糙。叶互生，卵状长椭圆形或披针形，革质，全缘，揉开具香味。秋季开花，伞形并排成聚伞花序，花冠白色。蒴果杯形。适作园景树、行道树。叶可供药用，主治糖尿病。

　　柠檬桉：常绿大乔木，株高可达 20 m，树皮灰褐色，或片状脱落呈光滑灰白色。叶互生，线状披针形或长卵形，先端渐尖；幼树具腺毛，老叶无毛，具柠檬香味。夏季开花，蒴果球状壶形。成长迅速，耐旱耐风，为优美的行道树、园景树。叶可造纸、提炼香油。

　　赤桉：常绿乔木，株高可达 15 m，老干树皮灰褐色。叶狭披针形，镰刀状，先端渐尖，叶背粉白色。冬至早春开花，蒴果球形。适作园景树、行道树，木材可供制器具。

　　玫瑰桉：常绿乔木，株高可达 12 m，树皮灰褐色。叶互生，卵状披针形，先端尾尖，叶片下垂状，风姿独特，适作园景树、行道树。

　　银叶桉：常绿灌木或小乔木，株高可达 3 m。幼叶对生，无柄，阔卵形或圆盾形；

1		3
2		4
		5

1 大叶桉　　3 柠檬桉
2 大叶桉　　4 柠檬桉树干光滑呈灰白色
　　　　　　5 柠檬桉

老叶互生，呈披针形，两面均被白粉，银绿色。秋至春季开花，伞形花序。叶色优雅，枝叶是上等插花花材，也适合大型盆栽或庭园美化。不耐高温。

●繁殖：播种法，春、秋季均能育苗。由于成年树移植困难，因此播种成苗后，最好采用容器栽培，待苗高 2 m 以上再行定植，以利成活。若成年树需移植，应先作断根处理，以提高存活率。

●栽培重点：栽培土质以土层深厚的壤土或砂质壤土最佳。排水、日照需良好。每季施肥 1 次。欲促使植株快速长高，主干下部的侧枝应随时剪去；银叶桉幼树呈灌木状，可常修剪枝条或摘心，促使萌发侧枝，植株老化再施以强剪。大叶桉、柠檬桉、赤桉、玫瑰桉等，性喜高温多湿，生长适温 22 ～ 30 ℃。银叶桉性喜温暖，忌高温潮湿，生长适温 15 ～ 25 ℃。

6 7
8

6 赤桉
7 玫瑰桉
8 银叶桉

蓝桉
Eucalyptus globulus

雪桉
Eucalyptus gunnii

桃金娘科常绿乔木
原产地：
蓝桉、雪桉：大洋洲

　　蓝桉：株高可达40 m，幼枝方形，枝叶具芳香。叶对生，无柄，长卵形或阔卵状披针形，先端锐，全缘，幼叶灰蓝绿色。适作园景树、行道树。叶片可萃取高级精油，供制香料、医药用。

　　雪桉：常绿乔木，株高可达8 m，幼树树皮红褐色。叶对生，卵形或椭圆形，先端钝圆、微凹或有小突尖，全缘，革质；幼叶银灰色，成叶灰蓝色，具香气。伞形花序，小花乳白色。适作园景树、盆栽。叶片可提炼高级精油，制作化妆品、香水、空气杀菌剂等。

　　●繁殖：播种法，春、秋季为适期。因大株移植困难，播种成苗后采用盆栽为佳，苗株2 m以下定植，成活率最高。

　　●栽培重点：栽培土质以土层深厚的壤土或砂质壤土为佳，排水需良好，日照要充足。每季施肥1次，氮、磷、钾肥料或有机肥料均理想。修剪主干下部侧枝能促进长高。性喜温暖耐高温，生长适温18～28 ℃，夏季高温多湿或梅雨季节需预防因排水不良引起的根部腐烂。成年树移植困难，移植之前需作断根处理。

1 蓝桉
2 雪桉

枝叶馥郁 - **桉树类**

Ecualyptus radiata（胡椒薄荷桉）
Eucalyptus torelliana（托列里桉）
Eucalyptus melliodora（蜂蜜桉）
Eucalyptus bridgesiana（苹果桉）

桃金娘科常绿乔木
托列里桉别名：红毛桉
蜂蜜桉别名：黄桉
原产地：
胡椒薄荷桉、托列里桉、蜂蜜桉、苹果桉：
大洋洲

胡椒薄荷桉：常绿大乔木，幼枝红褐色。叶无柄，对生，披针形，全缘。

托列里桉：常绿乔木，干通直。叶对生，长卵形，新叶紫红色，密生茸毛。性喜高温，生长适温 22 ~ 30 ℃。适作园景树。

蜂蜜桉：常绿乔木。叶对生，长菱形，先端钝圆，近全缘，叶表银绿色。

苹果桉：常绿小乔木。叶对生，长椭圆形、卵形或披针形，叶面粗糙密生腺孔。

此类植物枝叶含丰富精油，具强烈香气，可制香料、医药用品等。

●繁殖、栽培重点：请参阅本书 103 页。

1	2
3	4

1 蜂蜜桉
2 托列里桉
3 苹果桉
4 胡椒薄荷桉

皮孙木

Pisonia umbellifera（皮孙木）
Pisonia umbellifera 'Alba'
（白叶皮孙木）

紫茉莉科常绿乔木
原产地：
皮孙木：中国及亚洲热带、大洋洲
白叶皮孙木：栽培种

皮孙木株高可达 15 m 以上，树皮平滑。叶对生或轮生，椭圆形或卵状披针形，长 13 ~ 40 cm，先端锐或渐尖，全缘，肉质状革质。雌雄异株，聚伞花序顶生，小花白色。果实圆柱形，肋间有黏液，熟果紫褐色。园艺栽培种有白叶皮孙木，叶片乳白至乳黄色。适作园景树。

●繁殖：播种、扦插或高压法，春季为适期。

●栽培重点：栽培介质以壤土或砂质壤土为佳。春至秋季施肥 3 ~ 4 次，春至夏季修剪整枝，成年树移植前需作断根处理。生性强健，成长快速，耐旱、耐热；性喜高温、湿润、向阳之地，生长适温 23 ~ 32 ℃，日照 70% ~ 100%。白叶皮孙木，耐热不耐寒，冬季忌低温霜害。

1 皮孙木
2 皮孙木
3 白叶皮孙木

珙桐科 NYSSACEAE

抗癌植物 - 喜树
Camptotheca acuminata

珙桐科落叶大乔木
别名：旱莲
原产地：中国

喜树株高可达 18 m，树皮有纵沟。叶互生、椭圆形或椭圆状卵形，波状缘，纸质。夏季开花，头状排成圆锥花序，花冠白色。果为瘦果，熟果褐色。木材含喜树精，具治白血病之效。成年树绿荫遮天，为行道树、园景树的高级树种。

●繁殖：播种或扦插法，春、秋季均能育苗，苗高 50 cm 以上即可定植。

●栽培重点：栽培土质以土层深厚的砂质壤土为佳，排水、日照需良好。每季施肥 1 次。幼株冬季落叶后应修剪整枝 1 次。性喜温暖，耐高温，生长适温 15 ~ 28 ℃。

1 喜树
2 喜树
3 喜树

木犀科 OLEACEAE

叶片厚实·**木犀类**

Osmanthus lanceolatus
（锐叶木犀）
Osmanthus enervius（无脉木犀）
Osmanthus matsumuranus
（大叶木犀）

木犀科常绿灌木或小乔木
大叶木犀别名：牛矢果
原产地：
锐叶木犀、无脉木犀：中国台湾
大叶木犀：中国、越南、缅甸及印度

1 锐叶木犀
2 无脉木犀
3 大叶木犀

锐叶木犀：我国台湾特有植物，分布于北、中部中海拔山区。灌木或小乔木，株高可达 3 m。叶对生，披针形或卵状披针形，先端尾状渐尖，全缘或疏齿状缘，革质，叶翠绿色。伞形花序，簇生于叶腋，核果椭圆形。

无脉木犀：我国台湾特有植物，分布于中、低海拔山区。灌木或小乔木，株高可达 3 m，幼枝及幼叶中脉、叶缘暗红色。叶对生，披针形或狭椭圆形，先端尾状渐尖，全缘或偶具齿状缘，革质，侧脉及网脉不明显。伞形花序，花腋生，核果长椭圆形。

大叶木犀：小乔木，株高可达 4 m。叶对生，长卵形或倒披针形，先端突尖，全缘，革质，叶深绿色。聚伞花序，花腋生，具芳香，核果长椭圆形。此类植物叶片厚实，四季翠绿，适作园景树或盆栽。

●繁殖：播种、高压法，春、秋季为适期。

●栽培重点：栽培土质以壤土或砂质壤土为佳，排水需良好。日照 70% ~ 100%。生长期间施肥 3 ~ 4 次，有机肥料尤佳。春季修剪整枝，灌木植株老化应施以强剪，乔木植株常修剪主干下部侧枝，能促进长高。性喜温暖耐高温，生长适温15 ~ 28 ℃。

台湾白蜡树

Fraxinus formosana (griffithii)

木犀科半落叶乔木
别名：光蜡树、白鸡油
原产地：中国南部、日本、印度尼西亚、印度、菲律宾

　　台湾白蜡树株高可达 20 m。叶对生，奇数羽状复叶，小叶卵形或长椭圆形，先端锐尖，革质。翅果长线形，先端凹。生性强健，生长迅速，幼株极耐阴，可当室内植物；成年树适作行道树、园景树、诱蝶树，木材可供建筑之用和制作家具、义肢等。

　　●繁殖：播种法，春季为适期。

　　●栽培重点：栽培土质以湿润的砂质壤土最佳，排水、日照需良好。施肥每季 1 次。每年冬季落叶后应修剪整枝，成年树极粗放。性喜温暖至高温，生长适温 15 ～ 28 ℃。

1　1 台湾白蜡树
2 3　2 台湾白蜡树
　　3 台湾白蜡树

叶色逸雅 - 银姬小蜡

Ligustrum sinense 'Variegatum'

木犀科常绿灌木
别名：花叶山指甲
栽培种

银姬小蜡株高 20 ～ 80 cm。叶对生，椭圆形或卵形，叶面银绿色，全缘或不规则波状凹入，并有乳白或乳黄色斑条镶嵌，全株枝叶细致，逸雅美观。生性强健、耐旱、抗高温、耐修剪，为庭园丛植、缘栽、低篱的优良低矮灌木，亦可盆栽观叶。

●繁殖：扦插或高压法，春至秋季为适期。

●栽培重点：栽培土质以富含有机质的砂质壤土最佳，排水、日照需良好。年中施肥 3 ～ 5 次。全年均可修剪，植株老化应做强剪。性喜高温，生长适温 22 ～ 32 ℃。

银姬小蜡

雪花披被 - **垂枝女贞**

Ligustrum sinense 'Pendula'

木犀科常绿灌木或小乔木
栽培种

　　垂枝女贞是银姬小蜡的栽培变种，株
高可达 4 m，幼枝密生柔毛，小枝柔软下
垂。叶对生，长椭圆形，先端钝或渐尖，
长 4 ~ 6.5 cm，两面被毛，全缘，纸质。
春季开花，花腋生，小花白色，每一叶腋
均能开花，盛开时全株如雪花披被，令人
惊叹。适作园景树、绿篱或大型盆栽。

　　●繁殖：扦插、嫁接法，春季为适期。

　　●栽培重点：栽培土质以壤土或砂质
壤土为佳。排水、日照需良好。春、夏季
生长期施肥 2 ~ 3 次。花后应修剪整枝，
修剪枯枝和下部直立徒长枝。性喜温暖耐
高温，生长适温 18 ~ 28 ℃。成年树移植
需作断根处理。

1　1 垂枝女贞
2 3　2 垂枝女贞
　　3 垂枝女贞

小蜡树
Ligustrum sinense

日本女贞
Ligustrum japonicum

木犀科常绿灌木或小乔木
小蜡树别名：小果女贞、小实女贞、山指甲
日本女贞别名：东女贞
原产地：
小蜡树：中国、韩国
日本女贞：中国、日本、韩国

1 小蜡树
2 日本女贞

小蜡树：株高 1 ~ 2 m，枝条、叶柄满布茸毛。叶对生，卵形或椭圆形。3 ~ 5 月开花，圆锥花序，花顶生，小花白色，花瓣 4 枚，盛开时满树雪白，清丽而壮观。其树冠整洁，自然分枝茂密，可修剪成圆形、锥形、方形或其他造型，是庭园美化的优良树种，亦适合作绿篱；其树可放养白蜡虫，采收白蜡供点火照明用。

日本女贞：与小蜡树是同属异种植物，株高 4 ~ 8 m，幼枝略具茸毛。叶对生，长卵形或卵状椭圆形，先端钝或短尖，革质富光泽。春末至夏季开花，花顶生，圆锥花序，白色。核果黑紫色。适合庭植、绿篱或作道路安全岛美化列植。

●繁殖：播种、扦插或高压法，春、秋季为适期。扦插剪未着花的中熟强健枝条，每段 10 ~ 15 cm，扦插于砂床中，经 4 ~ 5 周可发根。高压法成活率高，被广泛采用。

●栽培重点：栽培土质以富含有机质的砂质壤土为佳，排水需良好，根部浸水或排水不良，易造成死亡，宜注意。全日照或半日照均理想。生长期间每 2 ~ 3 个月追肥 1 次。花期过后应修剪 1 次，可使树冠整齐美观；欲剪成各种造型，1 年则要修剪 3 ~ 4 次；植株老化应施行强剪，以促其枝叶新生。性喜温暖至高温，生长适温 15 ~ 28 ℃。

观叶圣品 - **女贞类**

Ligustrum japonicum 'Compactum'（密叶女贞）
Ligustrum ovalifolium 'Allomarginatum'
（白缘卵叶女贞）

木犀科常绿灌木
密叶女贞别名：厚叶女贞
栽培种

密叶女贞：株高 1～2 m。叶对生，椭圆形或卵形，先端锐，全缘，厚革质；叶面浓绿富光泽，叶背淡绿色。夏季开花，花顶生，白色，核果倒卵形。枝叶生长密集，四季浓绿、耐阴、耐旱、抗污染，为高级绿篱植物，极适合道路分隔岛绿化、庭植美化。

白缘卵叶女贞：株高 1～2 m。叶对生，长卵形，全缘，薄革质，叶缘有白色或淡黄色斑。叶色柔和优雅，适合庭植或盆栽。

●繁殖：密叶女贞可用播种、扦插、高压法。白缘卵叶女贞需用无性繁殖，如扦插、高压、嫁接法等，以防实生苗产生返祖现象。春、秋季为适期。

●栽培重点：性喜温暖，耐高温，生长适温 15～28 ℃。

1 密叶女贞
2 密叶女贞
3 白缘卵叶女贞

金黄明艳 - **斑叶女贞**

Ligustrum ovalifolium 'Aureum'
（斑叶女贞）
Ligustrum 'Vicaryi'（金叶女贞）
Ligustrum japonicum 'Golden
Compactum'（金密女贞）

木犀科落叶灌木
栽培种

斑叶女贞：株高 60 ~ 120 cm，枝细质硬。叶对生，椭圆形或卵形，近叶缘镶有乳黄色或金黄色斑纹，叶色明艳富光泽，适合庭植、盆栽，也是插花上品。喜强光，不耐阴，不适合作室内植物。

金叶女贞：株高 60 ~ 120 cm。叶片金黄色，对生、椭圆形或长卵形，先端锐，全缘，薄革质。夏季开花，花顶生，白色。叶色金黄亮丽，耀眼悦目，极适合景观造园修剪造型、强调色彩变化，也适于盆栽。

金密女贞：株高 40 ~ 100 cm。叶对生，椭圆形或卵形，全缘，厚革质；叶片生长密集，叶缘乳黄。夏季开花，花顶生，白色。性耐阴，适于庭植或盆栽。

● 繁殖：可用扦插或高压法。金叶女贞、金密女贞需用无性繁殖，如扦插、高压、嫁接法等，以防实生苗产生返祖现象。春、秋季为适期。

● 栽培重点：栽培土质以砂质壤土为佳，排水、日照需良好。施肥用有机肥料或氮、磷、钾肥料。冬季落叶应修剪整枝，性喜高温，生长适温 20 ~ 28 ℃。

1 金密女贞
2 斑叶女贞
3 金叶女贞

油橄榄
Olea europaea

木犀科常绿乔木
别名：西洋橄榄、齐墩果
原产地：地中海沿岸

　　油橄榄株高可达 8 m。叶对生，长椭圆形或披针形，先端渐尖，革质；叶面暗绿色，叶背密被银白色茸毛。夏季开花，圆锥花序腋生，小花白色，具香气。核果球形或椭圆形，肉质，熟果黑色。适作园景树、经济果树。果实可腌渍食用，种子可提炼食用橄榄油，制作化妆品、香皂、润滑剂等。

　　●繁殖：播种、扦插、高压法，春、秋季为适期。

　油橄榄

　　●栽培重点：栽培介质以砂质壤土为佳。春至夏季生长期施肥 2 ～ 3 次，有机肥料肥效佳。性喜冷凉至温暖、干燥、向阳之地，生长适温 12 ～ 25 ℃，日照 70% ～ 100%。喜好夏干冬湿的气候，我国华南地区高冷地或中海拔栽培为佳，平地夏季高温多湿，生长不良。

山柑科 OPILIACEAE

山柚
Champereia manillana

山柑科常绿小乔木
别名：山柑、台湾山柚
原产地：中国及南亚至东南亚

　　山柚株高可达 4 m。叶互生，长椭圆形或椭圆状披针形，长 5 ～ 8 cm，全缘，革质。冬季开花，花黄绿色。核果椭圆形，熟果由橙黄转橙红色，果实玲珑美艳，可食用。树形优雅，适作园景树、圣诞树、诱鸟树。木材供雕刻，茎叶可药用。

　　●繁殖：播种法，春季为适期。
　　●栽培重点：不拘土质，但以砂质壤土为佳，排水、日照需良好。春、夏季每 2 ～ 3 个月施肥 1 次。果后整枝，植株老化则施以强剪。性喜高温，极耐旱，生长适温 23 ～ 32 ℃。

　山柚

叶色调和 - **斑叶海桐类**

Pittosporum moluccanum
'Variegated Leaves'
（斑叶南洋海桐）
Pittosporum tenuifolium
'Variegatum'（斑纹小叶海桐）

海桐科常绿灌木或小乔木
斑叶南洋海桐别名：斑叶兰屿海桐
栽培种

1 斑叶南洋海桐
2 斑纹小叶海桐

斑叶南洋海桐：南洋海桐的栽培变种，常绿小乔木，株高可达 5 m。叶互生或丛生枝端，倒披针形或长椭圆形，全缘，叶面有乳白色或黄色斑纹。春季开花，花黄白色。蒴果长椭圆形，橙黄色。叶色优雅美观，耐碱、抗风，适合庭植或盆栽，尤适于滨海地区美化。

斑纹小叶海桐：常绿灌木，株高 1 ~ 2 m，小枝暗紫红色。叶互生或丛生枝端，长椭圆形或倒长卵形，全缘，先端锐，叶面有乳白或乳黄色斑纹。叶色调和逸雅，适合庭园美化或作大型盆栽。

●繁殖：斑叶变种植物通常都使用无性繁殖育苗，如扦插、高压、嫁接法等，春至夏季为适期。

●栽培重点：栽培土质以湿润的壤土、砂质壤土为佳，排水需良好。全日照、半日照均理想，阴暗植株易徒长，叶色不良。春、夏季为生长盛期，幼株每 1 ~ 2 个月施肥 1 次，成年植株每季施肥 1 次。春季修剪整枝则枝叶更茂密。斑叶南洋海桐是小乔木，若欲促其长高，需剪除主干下部侧枝。斑叶南洋海桐性喜高温多湿，生长适温 20 ~ 30 ℃；斑纹小叶海桐性喜温暖，耐高温，生长适温 15 ~ 28 ℃。

海滨植物 - **海桐类**

Pittosporum tobira（海桐）
Pittosporum tobira 'Variegata'
（斑叶海桐）
Pittosporum pentandrum
（台湾海桐）
Pittosporum moluccanum
（南洋海桐）

海桐科常绿大灌木或小乔木
台湾海桐别名：十里香
南洋海桐别名：兰屿海桐
原产地：
海桐：中国、日本、韩国
台湾海桐：中国、菲律宾、中南半岛
斑叶海桐：栽培种
南洋海桐：中国、马来西亚、印度尼西亚

海桐：常绿大灌木，株高可达 2.5 m，善分枝。叶互生，常簇生枝端，倒卵形或倒披针形，全缘，革质。夏季开花，圆锥花序，花冠乳黄色。蒴果球形，种子红色。生性强健，叶簇浓绿，耐旱耐阴，抗风，极适合作滨海绿篱或园景美化。

斑叶海桐：常绿灌木，叶面具乳黄色斑，革质。耐旱耐瘠，适作绿篱、庭植美化。

台湾海桐：常绿小乔木，树高可达 5 m。叶互生，倒卵形或长椭圆形，全缘或波状缘，薄革质。夏至秋季开花，花顶生，圆锥花序，花白或淡黄色，具香味。蒴果球形，熟果黄红色。生性强健，生长迅速，耐旱耐潮，抗风，极适合滨海地区的庭园美化、绿篱或作行道树。

南洋海桐:常绿小乔木，株高可达 6 m。叶互生或簇生于枝端，倒披针形，纸质。春季开花黄白色。蒴果长椭圆形，橙黄色。耐潮，抗风，适合作滨海美化。

●繁殖：播种法，春至夏季为适期。海桐成年植株移植困难，育苗后移植于容器为佳。

●栽培重点：不择土质，但以湿润的砂质壤土为佳，排水、日照需良好。每季施肥 1 次。春季应修剪整枝，南洋海桐、台湾海桐主干下部长出的侧枝要剪除，绿篱栽培可随时剪去徒长枝。海桐性喜温暖耐高温，生长适温 15 ～ 28 ℃，南洋海桐、台湾海桐的生长适温为 20 ～ 30 ℃。

| 1 | 2 | 3 | | 1 | 2 |

1 海桐　　　　4 南洋海桐
2 斑叶海桐　　5 南洋海桐
3 台湾海桐

法国梧桐科 PLATANACEAE

美国梧桐
Platanus occidentalis

法国梧桐
Platanus orientalis

英国梧桐
Platanus × hispanica
(*P. × acerifolia*)

法国梧桐科落叶大乔木
美国梧桐别名：一球悬铃木
法国梧桐别名：三球悬铃木
英国梧桐别名：二球悬铃木
原产地：
美国梧桐：北美洲
法国梧桐：小亚细亚、欧洲
英国梧桐：杂交种

美国梧桐

美国梧桐：落叶大乔木，株高可达
35 m，树皮剥落后灰至乳白色。叶阔卵形，
3～5角状浅裂，裂片宽度比长度长，粗
齿牙缘，纸质。聚合果球形，单生，表面
星芒状直刺极短。

法国梧桐：落叶大乔木，株高可达
30 m，树皮灰至乳白色。叶阔卵形，5～7
角状浅裂至深裂，中裂片宽度比长度短，
齿牙缘。聚合果球形，连生3～6球。

英国梧桐：落叶大乔木，为美国梧桐
和法国梧桐的杂交种。株高可达25 m，
叶掌状3～7浅裂至中裂，长与宽略相等，
中裂片先端阔三角形，粗齿牙缘。聚合果
球形，连生2～4球。

此类树种树冠绿荫，耐旱、抗烟尘，
为世界著名的行道树、园景树。

●繁殖：播种、扦插或嫁接法，春、
秋季为适期。

●栽培重点：栽培介质以壤土或砂质
壤土为佳。幼树春至夏季生长期施肥3～4

次。冬季落叶后修剪整枝；若主干上部侧
枝疏少应修剪枝顶，促使萌发分枝，枝叶
更茂密；成年树移植前需作断根处理。
性喜温暖、湿润、向阳之地，生长适温
15～25 ℃，日照70%～100%。耐寒不
耐热，我国华南地区高冷地或中海拔山区
栽培为佳，平地高温生长迟缓或不良。

2 法国梧桐
3 法国梧桐
4 英国梧桐

叶形独特 - **海葡萄**

Coccoloba uvifera

蓼科落叶灌木或小乔木
别名：树蓼
原产地：美洲热带

　　海葡萄株高可达6 m。叶心形或肾形，近圆形，全缘，叶脉绯红色。总状花序，果实球形，形似葡萄，串串下垂，颇为优雅。叶形风格独特，为高级插花素材；冬季落叶浑红，如天然干燥叶材，久藏不坏。成年树适作园景树，果实可制果胶食用。

　　●繁殖：播种或高压法，春季为播种适期，春、夏季可高压育苗。

　　●栽培重点：栽培土质以肥沃的砂质壤土最佳，排水、日照需良好。定植前预埋基肥，年中施肥3 ~ 4次。冬季落叶后应修剪整枝1次。性喜高温，生长适温23 ~ 32 ℃。

1 海葡萄
2 海葡萄
3 海葡萄

灰莉类

Fagraea ceilanica（灰莉）
Fagraea fragrans（南洋灰莉）

灰莉科常绿灌木或乔木
原产地：
灰莉：亚洲热带、中国
南洋灰莉：中南半岛、马来西亚

1 灰莉
2 灰莉
3 南洋灰莉

灰莉：常绿灌木，株高可达 2.5 m，枝条伸长呈攀缘性，能附生于树干生长。叶倒卵状椭圆形，全缘，革质。聚伞花序顶生，花冠 5 裂，初开白色，渐转淡黄色，具香气。浆果卵圆形，花萼宿存。适作园景树、绿篱、造型树。

南洋灰莉：常绿乔木，株高可达 7 m，叶长椭圆形，先端短锐，全缘，革质。聚伞状伞房花序顶生，花冠 5 裂，初开白色，渐渐转为淡黄色。浆果卵形或近球形。适作园景树。

●繁殖：播种或扦插法，春季为适期。

●栽培重点：栽培介质以砂质壤土为佳。春至夏季施肥 2～3 次。春、夏季修剪整枝，植株老化需重剪或强剪；绿篱或造型树随时作必要的修剪。性喜高温、湿润、向阳至荫蔽之地，生长适温 22～32 ℃，日照 60%～100%。

干果名木 - **澳洲胡桃**
Macadamia ternifolia

山龙眼科常绿小乔木
别名：澳洲坚果
原产地：大洋洲

澳洲胡桃株高可达 20 m。叶轮生，倒披针形，刺状锯齿缘。春季开花，总状花序，花腋生，白色，每个花序着花上百朵。坚果球形，种仁白色，可食用，可制糖果、食品。生性强健，耐旱耐风，可庭植美化或作大型盆栽。

●繁殖：播种、扦插、高压或嫁接法，春、秋季为适期。

●栽培重点：栽培土质以土层深厚的壤土为佳，日照需充足。具深根性，不宜移植，移植要多带土。每季施肥 1 次。春季应修剪整枝。性喜温暖耐高温，生长适温 20 ～ 30 ℃。

澳洲胡桃

飒爽宜人 - 银桦类

Grevillea robusta （银桦）
Grevillea banksii（红花银桦）

山龙眼科常绿乔木
红花银桦别名：班西银桦
原产地：
银桦、红花银桦：大洋洲

银桦：常绿大乔木，主干通直，树高可达20 m，幼株具白色茸毛。叶互生，2回羽状裂叶，小叶缺刻，叶背密被银色茸毛。初夏开花，总状花序，花顶生或腋生，花橙黄色。蓇葖果卵状椭圆形。树冠圆硕，叶簇飒爽宜人，为行道树、庭园树的高级树种。材质轻软可供制器具、家具或作雕刻、车辆用材。

红花银桦：常绿小乔木，树高可达5 m，幼枝有毛。叶互生，一回羽状裂叶，小叶线形，叶背密生白色茸毛。春至夏季开花，总状花序，花顶生，花色橙红至鲜红色。蓇葖果歪卵形、扁平，熟果为黄褐色。花、叶均美观，适作行道树、园景树。

●繁殖：播种法，春、秋季为适期。播种成苗后移植于苗圃肥培，树高1 m以上即可定植。

●栽培重点：栽培土质选择性不严，但以排水良好的腐叶质壤土或砂质壤土最佳，日照要充足。幼树定植时预埋基肥，每季施肥1次，各种有机肥料或氮、磷、钾肥料均理想。每年冬至春季强劲寒流来袭，会有落叶现象，可趁此修剪整枝，剪去主干下部的侧枝，能促进长高，使树形更加美观。性喜高温多湿，生长适温20 ~ 30 ℃。

1	
2	
3	4

1 银桦
2 银桦
3 红花银桦
4 红花银桦

红枣
Zizyphus jujuba

印度枣
Zizyphus mauritiana

鼠李科落叶或半落叶小乔木
红枣别名：枣、大枣
印度枣别名：枣仔
原产地：
红枣：中国
印度枣：亚洲热带、非洲、大洋洲

1 红枣开花
2 红枣
3 印度枣

红枣：落叶小乔木，株高可达 6 m。叶互生，长卵形或阔卵形，先端尖，细齿缘，纸质。聚伞花序，花腋生。果实椭圆形，可食用，可作中药。成年树可观姿赏果，适作园景树。

印度枣：半落叶小乔木，株高可达 9 m，枝条下垂状。叶互生，阔卵形或卵状椭圆形，先端钝圆，基部歪，浅齿缘，纸质，叶柄下方成刺。秋季开花，聚伞花序，花淡黄绿色。果实球形或椭圆形，甜脆可口，可生食、制蜜饯。目前已培育出许多栽培种如金龙、肉龙、特龙、碧云、黄冠、五十种等，作经济果树栽培。生性强健，成长迅速，可作园景树、诱鸟树。

●繁殖：播种、嫁接法。新鲜种子采收后晒干再播种，约经 30 天发芽，每 1 粒种子能长出 1 ～ 2 株幼苗，经培育苗高 30 cm 以上即可作嫁接砧木，春季为嫁接适期。

●栽培重点：栽培土质以排水良好的砂质壤土最佳，日照需良好。苗定植时预埋基肥，每季追肥 1 次，成年树开花前提高磷、钾肥比例有利结果。幼株修剪 1 次能促使多萌发侧枝，果期过后需修剪 1 次，老化的植株应施行强剪。红枣性喜温暖，耐高温，生长适温 15 ～ 25 ℃；印度枣性喜高温，生长适温 23 ～ 32 ℃，冬季忌霜害。

果梗味甘 - **拐枣**

Hovenia dulcis

鼠李科落叶灌木或小乔木
别名：北枳椇
原产地：中国、日本、韩国

　　拐枣株高可达9 m，幼枝红褐色，密布皮孔。叶互生，阔卵形，先端尖，锯齿缘。春季开花，聚伞花序顶生或腋生，小花多数聚生，淡绿色。果实球形，果梗肉质，肥厚弯曲，味甘可食用。树形优美，适作园景树、行道树。果实可治酒毒，果梗能补血，根可治风湿筋骨痛。

　　●繁殖：播种法，春季为适期。

　　●栽培重点：栽培土质以砂质壤土为佳。排水、日照需良好。春至秋季施肥3～4次。花、果期过后应修剪整枝。性喜温暖，耐高温，生长适温15～28℃。

1 2

1 拐枣
2 拐枣

水笔仔
Kandelia candel

红海榄
Rhizophora stylosa

红树科常绿小乔木

红海榄别名：五梨跤

原产地：

水笔仔：中国、印度、马来西亚、日本

红海榄：中国、大洋洲、东南亚

水笔仔：红树林植物，株高可达 5 m，基部有支柱根。叶对生，长椭圆形，先端圆钝，全缘，厚革质。聚伞花序腋生，小花白色，花瓣 5 枚。果实卵形，着生圆柱形胎生苗。适作水池、湿地园景树或水盆栽培、海岸防风固沙树；木材可造纸。

1 水笔仔
2 水笔仔
3 红海榄
4 红海榄

红海榄：红树林植物，株高可达 8 m，基部有支柱根。叶对生、卵形或椭圆形，先端有芒，全缘，革质。聚伞花序腋生，花瓣 4 枚，淡白色。果实圆锥形，着生圆柱形胎生苗。适作水池、湿地园景树、海岸防风固沙树。

● 繁殖：春至秋季把成熟胎生苗插入湿泥中，淹水保湿即能发根生长。

● 栽培重点：栽培土质以腐殖质土或砂质壤土为佳。日照需良好。水池栽培可用盆栽放入池水中，基部浸水 10 ~ 20 cm。幼株水盆栽培，把成熟胎生苗插入盆中湿泥中 2 ~ 3 cm，基部浸水 3 ~ 5 cm，保湿即能成活。春至夏季施肥 2 ~ 3 次。性喜高温潮湿，生长适温 23 ~ 32 ℃。

耐旱抗风 - **石斑木类**

Rhaphiolepis indica（石斑木）

Rhaphiolepis indica var. ***umbellata***（厚叶石斑木）

Rhaphiolepis indica 'Enchantress'（红花石斑木）

Rhaphiolepis indica var. *tashiroi*（田代氏石斑木）

蔷薇科常绿灌木或小乔木
石斑木别名：车轮梅、春花
厚叶石斑木别名：革叶石斑木
田代氏石斑木别名：假厚皮香、毛序石斑木
原产地：
石斑木：中国及中南半岛
厚叶石斑木：中国、日本
田代氏石斑木：中国
红花石斑木：栽培种

石斑木：株高可达 3 m。叶互生，椭圆形或倒卵形，先端尖，锯齿缘。春季开花，圆锥花序顶出，花冠白色，聚生成团，颇为清雅。适作园景树，花枝为高级花材。

厚叶石斑木：株高可达 4 m。叶丛生枝端，倒卵形或长椭圆形，幼叶具褐色毛，疏齿缘、厚革质。春季开花，圆锥花序，花冠白色。性耐旱、耐阴、耐盐、抗风，适作盆栽、修剪造型、园景树，花、果、枝可作花材。

红花石斑木：株高可达 2 m。叶互生，椭圆形、细齿缘、厚革质。春季开花，圆锥花序顶生，花冠桃红色，花姿柔美。适作盆栽或庭园美化，花、果、枝可作花材。

1
2

1 石斑木
2 厚叶石斑木

田代氏石斑木：株高可达 3 m。叶互生，长椭圆形或披针状长椭圆形，锯齿缘，厚纸质。春季开花，花冠白色。适作园景树，花、果、枝可作花材。

● 繁殖：播种、扦插或高压法，春、秋季为适期。

● 栽培重点：栽培土质以肥沃的砂质壤土为佳，排水需良好，全日照、半日照均理想。每季施肥 1 次。幼株需水较多，应注意灌水，成年株耐旱。花期过后应修剪整枝。成年树移植困难，应先作断根处理。性喜温暖至高温，生长适温 20 ～ 28 ℃。

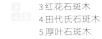
3 红花石斑木
4 田代氏石斑木
5 厚叶石斑木

新姿展艳 - 红芽石楠

Photinia glabra（红芽石楠）
Photinia glabra 'Rubens'（鲁宾斯）

蔷薇科常绿小乔木
红芽石楠别名：光叶石楠
原产地：
红芽石楠：中国、日本、泰国、缅甸
鲁宾斯：栽培种

红芽石楠株高可达9 m。叶互生，长椭圆形或倒卵状椭圆形，长6～10 cm，先端尖，细锯齿缘，革质，幼叶红色。聚伞花序顶生，花白色。核果椭圆状球形，熟果红色。新萌发的枝叶红艳剔透，极为出色，可作花材，适作庭植美化、绿篱或大型盆栽。园艺栽培种有鲁宾斯。

●繁殖：播种、扦插法，春季为适期。
●栽培重点：排水良好的砂质壤土最佳，日照需充足。冬至春季施肥2～3次。秋末修剪整枝。性喜温暖，生长适温15～26℃。

1 红芽石楠
2 红芽石楠绿篱
3 鲁宾斯

高山植物 - 夏皮楠

Stranvaesia niitakayamensis

蔷薇科常绿灌木或小乔木
别名：玉山假沙梨、台湾红果树
原产地：中国台湾

夏皮楠是我国台湾省特有植物，树高可达9m。叶互生，长椭圆形或披针形，全缘或波状缘，纸质。春至夏季开花，圆锥花序顶生，花白色。果实球形，熟果红色，成年树红果累累，极美观，红熟果枝为高级花材，适于中、高海拔庭植美化，平地易生长不良。

●繁殖：播种法，春、秋季均能育苗。

●栽培重点：栽培土质以砂质壤土为佳，日照需充足。年中施肥2～3次。果期过后应修剪整枝1次。性喜冷凉，忌高温多湿，生长适温12～24℃。

夏皮楠

枇杷
Eriobotrya japonica

山枇杷
Eriobotrya deflexa

蔷薇科常绿乔木
山枇杷别名：台湾枇杷
原产地：
枇杷：中国、日本
山枇杷：中国、越南

枇杷：经济果树，株高可达 5 m。叶倒披针状长椭圆形，背具毛，厚革质。冬季开花，果实球形，熟果橙黄色，可鲜食，叶可入药。适作园景树、诱鸟树。

山枇杷：株高可达 8 m，叶椭圆或长椭圆形，厚纸质。秋、冬季开花，花白色，果实椭圆形，可食用。适作园景树、诱鸟树。

●繁殖：播种、高压、嫁接法，春季为适期。

●栽培重点：栽培土质以砂质壤土最佳，排水、日照需良好。年中施肥 2～4 次，结果期偏好磷、钾肥。性喜温暖耐高温，生长适温 15～28 ℃。

1	1 枇杷
2 3	2 山枇杷开花
	3 山枇杷

红叶植物 - **醉李**
Prunus cerasifera 'Atropurpurea'

蔷薇科落叶灌木
别名：红叶李
栽培种

　　醉李株高可达 3 m，全株暗紫红色。叶互生，椭圆形或长卵形，先端锐，细锯齿缘。春季开花，花腋生，花冠白色。枝叶色泽优雅，以观叶为主，为高级园景树，幼株可盆栽，夏季叶片容易变绿。
　　●繁殖：高压、嫁接法育苗，春季为适期。
　　●栽培重点：栽培土质以疏松肥沃的砂质壤土最佳。排水、日照需良好。春、夏季生长盛期 1 ～ 2 个月施肥 1 次。冬季落叶后应修剪整枝，但不可重剪。性喜温暖，生长适温 15 ～ 25 ℃；平地栽培，夏季力求通风凉爽。

■ 醉李

叶色独特 - **紫叶桃**
Prunus persica 'Atropurpurea'

蔷薇科落叶灌木或小乔木
栽培种

　　紫叶桃是桃的栽培变种，株高可达 5 m。叶互生，披针形，幼枝叶暗紫红色，老叶转为铜绿色，叶缘有细锯齿。冬季落叶，春季开花，花腋生，重瓣花，花冠紫红色。少有结果，核果近球形或长卵形，通常以观花、观叶为主。花美艳，叶色独特，适作园景树或大型盆栽。
　　●繁殖：春季嫁接，砧木可用毛桃。
　　●栽培重点：栽培土质以壤土或砂质壤土为佳。排水、日照需良好。春至夏季施肥 3 ～ 4 次。成年植株冬至早春花芽已分化，应避免修剪。性喜温暖，耐高温，生长适温 15 ～ 26 ℃。

■ 紫叶桃

照水梅

Prunus mume 'Pendula'

蔷薇科落叶小乔木
别名：垂枝梅
栽培种

　　照水梅是梅的栽培变种，株高可达 3 m 以上，主干通直，善分枝，小枝细软下垂。叶互生，卵形至阔卵形，先端突尖或尾尖，细锯齿缘。冬季落叶，花先叶开，花腋生，花冠白色，花瓣 5 枚。核果球形，突尖，果皮被毛，可食用。树姿优美，适作园景树、盆栽。

　　●繁殖：嫁接法，冬或早春萌发新叶之前为适期，砧木可选用梅或毛桃的实生苗。

　　●栽培重点：栽培土质以砂质壤土为佳。排水、日照需良好。春至夏季生长期施肥 2 ～ 3 次。花、果后应修剪整枝。性喜温暖耐高温，生长适温 15 ～ 28 ℃。

　照水梅

春花明媚 - **笑靥花**

Spiraea prunifolia var. *pseudoprunifolia*

蔷薇科落叶灌木
别名：李叶绣线菊
原产地：中国、韩国、日本

　　笑靥花株高可达 1.5 m，嫩枝叶被毛。叶互生、卵形或椭圆形，长 2 ～ 5 cm，细锯齿缘，叶背密被细毛。伞形花序，花冠白色，花瓣 5 枚。冬季落叶，春季花团成簇，雪白壮观。适作庭植美化、盆栽。药用可治发烧、咽喉痛。

　　●繁殖：播种、扦插法，春、秋季为适期。

　　●栽培重点：栽培土质以砂质壤土为佳。排水、日照需良好。春、夏季生长期施肥 2 ～ 3 次。花后应修剪整枝。性喜冷凉至温暖，生长适温 13 ～ 25 ℃，平地栽培需通风凉爽越夏。

　笑靥花

盆景良材 - **小石积**
Osteomeles anthyllidifolia

蔷薇科常绿灌木
原产地：中国、日本

　　小石积株高可达 2 m，成年株干基、根部肥大，枝条伸长具下垂性。叶互生，奇数羽状复叶，小叶卵形或椭圆形，长 0.5 ~ 0.8 cm，先端圆，革质，叶轴略具狭翼。伞房花序，花顶生，花冠白色。极耐风、耐旱，树姿苍古朴雅，可养成高贵盆景，也适合庭植美化。

　　●繁殖：播种、高压法，但以播种为主，干基较易肥大，春季为适期。

　　●栽培重点：土质以砂质壤土最佳，排水、日照需良好。盆景栽培全年可做整形剪枝。性喜高温干燥，生长适温 23 ~ 32 ℃。

小石积

茜草科 RUBIACEAE

海岸植物 - **橄树**
Morinda citrifolia

茜草科常绿小乔木
别名：诺丽果、海巴戟
原产地：中国、印度、马来西亚、大洋洲

　　橄树株高可达 8 m，幼枝四棱状。叶对生，椭圆形或长卵形。全年均能开花，头状花序，花冠白色。聚合果呈不规则球形，熟果白色，浆质有臭味。耐旱耐盐，抗风，枝叶翠绿，极适合作海滨绿篱、防风林或庭园美化。树皮可供染料，根为解热、强壮药。

　　●繁殖：播种或扦插法，春季为适期。

　　●栽培重点：栽培土质以砂质壤土最佳，排水、日照需良好。春至秋季每季施肥 1 次。春季应做修剪整枝，老化的植株可施行强剪。性喜高温多湿，生长适温 23 ~ 32 ℃。

橄树

绿荫优美 - 卡邓伯木
Anthocephalus chinensis

茜草科落叶乔木
别名：团花、黄梁木
原产地：中国、缅甸、印度、斯里兰卡、
马来西亚

　　卡邓伯木株高可达 30 m，干通直。
叶对生，长椭圆形，先端短突尖，叶背疏
被细茸毛。春至夏季开花，花冠盆形，漏
斗状，果实椭圆形。成年树枝叶绿荫，耐
热耐旱、抗瘠，适作行道树、园景树。

●繁殖：播种、扦插或高压法，春季
为适期。

●栽培重点：栽培土质以壤土或砂质
壤土为佳。排水、日照需良好。每季施
肥 1 次，春、夏季为生长盛期，应注意
水分补给。幼树应修剪主干下部侧枝，
能促使长高。性喜高温多湿，生长适温
22 ~ 30 ℃。

1 卡邓伯木
2 卡邓伯木
3 卡邓伯木

海滨植物 - 榄仁舅

Neonauclea reticulata

茜草科常绿乔木
别名：纲脉新乌檀
原产地：菲律宾、中国台湾

　　榄仁舅株高可达 15 m。叶对生，椭圆形或倒阔卵形，长 15～25 cm，全缘。春、夏季开花，头状花序，小花筒壶形，白色，聚生成球形。蒴果 2 裂，聚生成球状。树冠青翠优美，适作园景树、行道树，幼树盆栽，尤适于滨海绿化。木材可制家具或作为雕刻材料。

　　●繁殖：播种、扦插法，春季为适期。

　　●栽培重点：栽培土质以砂质壤土为佳。排水、日照需良好。春、夏季生长期施肥 2～3 次。春季修剪整枝。成年树移植需作断根处理。性喜高温多湿，生长适温 22～32 ℃。

1 榄仁舅
2 榄仁舅

大果玉心花

Tarenna incerta

茜草科常绿小乔木
别名：大果乌口树
原产地：中国、南太平洋群岛

　　大果玉心花株高可达4 m，幼枝红褐色。叶对生，长椭圆形或倒卵状长椭圆形，先端钝或锐，长10 ~ 16 cm，全缘，薄革质。春、夏季开花，伞房状聚伞花序，花腋生，小花多数黄色，花瓣5 ~ 7枚。浆果球形。适作园景树、行道树或盆栽。

　　●繁殖：播种、扦插法，春季为适期。

　　●栽培重点：栽培土质以壤土或砂质壤土为佳。排水、日照需良好。春至夏季生长期施肥2 ~ 3次。春季修剪整枝，修剪主干下部侧枝，能促进长高。成年树移植需作断根处理。性喜高温多湿，生长适温22 ~ 32 ℃。

1
2

1 大果玉心花
2 大果玉心花

耐旱抗风 - **海岸桐**

Guettarda speciosa

茜草科常绿乔木
别名：葛塔德木
原产地：亚洲热带、澳大利亚、太平洋诸岛、
中国台湾

海岸桐株高可达 10 m。叶对生，阔
倒卵形或阔椭圆形，先端突尖。春季开花，
聚伞花序顶生，花冠长筒形，白色。核果
扁球形，熟果淡白色。生性健壮，树冠苍
绿、耐旱、耐盐、抗风，适作园景树、行
道树，尤适于滨海地区绿化美化。

● 繁殖：播种、扦插、高压法，春至
夏季为适期。

● 栽培重点：栽培土质以排水良好
的砂质壤土最佳，日照要充足。每年春
季整枝 1 次。性喜高温多湿，生长适温
22 ~ 32 ℃。

1 海岸桐
2 海岸桐

治疟名药 - **金鸡纳树类**

Cinchona pubescens（大叶金鸡纳）
Cinchona hybrida（杂交金鸡纳）
Cinchona ledgeriana（小叶金鸡纳）

茜草科常绿乔木
原产地：
大叶金鸡纳：秘鲁、玻利维亚
小叶金鸡纳：秘鲁
杂交金鸡纳：杂交种

大叶金鸡纳：株高可达 15 m。叶对生，阔椭圆形，长 18 ~ 25 cm，全缘。圆锥花序顶生，花冠白色长筒状。蒴果卵状纺锤形。

杂交金鸡纳：株高可达 7 m。叶对生，椭圆形或披针形，长 8 ~ 15 cm，全缘，在低温下转深紫红色。圆锥花序顶生，花冠长筒状。蒴果卵状长椭圆形。

小叶金鸡纳：株高可达 6 m。叶椭圆状披针形，长 14 ~ 20 cm，先端渐尖，全缘。聚伞状圆锥花序，花冠淡黄白色。蒴果圆锥形。

此类植物适作园景树。树皮为治疟疾名药，可治肠胃热、登革热、神经痛、痛风等。

●繁殖、栽培重点：春季播种。栽培土质以砂质壤土最佳，日照 60% ~ 100%。性喜高温多湿，生长适温 22 ~ 30 ℃。

1 2 3
1 大叶金鸡纳
2 杂交金鸡纳
3 小叶金鸡纳

假黄皮
Clausena lexcavata (Clausena lunulata)

黄皮
Clausena lansium

山黄皮
Murraya euchrestifolia

芸香科落叶灌木或乔木
假黄皮别名：过山香
原产地：
假黄皮：中国、马来西亚、印度尼西亚、印度
黄皮：中国、缅甸
山黄皮：中国、菲律宾

1 假黄皮
2 黄皮
3 山黄皮

假黄皮：落叶小乔木或大灌木，高可达 4 m。枝叶具香气，奇数羽状复叶，小叶歪披针形。春末开花，聚伞状圆锥花序，黄绿色。核果长椭圆形，熟果桃色，可生食或药用。叶可提炼香精，供制香水原料。生性强健，适作园景树、诱鸟树。

黄皮：常绿中乔木，株高可达 9 m，枝叶有香气。奇数羽状复叶，小叶椭圆形或长卵形。圆锥花序，果实卵状球形，熟果可食用、制饮料。全株可入药，适作园景树、诱鸟树。

山黄皮：常绿小乔木，株高可达 6 m。奇数羽状复叶，小叶长椭圆形，具香气。聚伞花序顶生，浆果球形，熟果橙红色。适于水土保持、庭园美化。

●繁殖：播种法，春季为适期，苗高 50 cm 以上即可定植。

●栽培重点：栽培土质选择性不严，但以排水良好且湿润的砂质壤土最佳，壤土次之。日照、通风需良好。春至夏季为生长盛期，每季施肥 1 次。成年树在花期之前，按比例提高磷、钾肥，能促进开花结果。果实发育期不可干旱缺水，以防落花、落果。假黄皮幼树主干细软，最好能立支柱扶持，以避免强风吹袭折枝。果期过后应做修剪整枝，老化的植株可施行强剪，以促使枝叶新生。性喜高温多湿，生长适温 20 ～ 30 ℃。

花椒
Zanthoxylum bungeaum

芸香科常绿小乔木
原产地：中国

花椒为常绿小乔木，株高可达4m，枝干散生三角状皮刺。奇数羽状复叶，小叶卵形或卵状椭圆形，先端突尖，钝齿状缘，齿缝有油点，薄革质。聚伞花序腋生，小花黄绿色。蓇葖果近球形，熟果红色，果皮具隆起油点。适作园景树，是辛香经济作物，果实为重要食品调味料，可萃取香精，制香料。

●繁殖：播种、扦插或高压法，春季为适期。

●栽培重点：栽培介质以砂质壤土为佳。春至秋季生长期施肥3～4次。植株老化应重剪或强剪。性喜温暖、湿润、向阳之地，生长适温18～26℃，日照70%～100%。

■ 花椒

兰屿花椒
Zanthoxylum integrifoliolum

椿叶花椒
Zanthoxylum ailanthoides

芸香科常绿、落叶小乔木
椿叶花椒别名：红刺葱、食茱萸
原产地：
兰屿花椒：中国、菲律宾
椿叶花椒：中国、日本、韩国

1 兰屿花椒
2 椿叶花椒
3 椿叶花椒

兰屿花椒：常绿小乔木，株高可达3 m。干笔直，偶数羽状复叶，幼株叶暗紫红色，小叶对生，椭圆形，6～13 cm，先端突尖，全缘。花顶生，花冠绿白色。果实为蓇葖果。树冠飒爽青翠，适作园景树，根部纤维可作船隙、枕头填充料。

椿叶花椒：落叶小乔木，株高可达9 m，树干细直，残存瘤刺。叶丛生枝端，奇数羽状复叶，叶柄暗紫红色，具针刺；小叶8～18对，长椭圆状披针形，先端歪尖，细锯齿缘。雌雄异株，聚伞花序顶生，黄绿色。蒴果球形，种子黑色。枝叶含特殊香气，嫩心叶或幼苗可作菜食用；叶供药用，主治风湿、感冒、跌打损伤、赤白带。树姿高耸挺拔美观，适作园景树。

●繁殖：播种法，春至夏季为适期。

●栽培重点：不择土质，但以疏松肥沃的砂质壤土为佳，排水、日照需良好。春至秋季每2～3个月施肥1次。椿叶花椒为方便采收幼嫩叶芽，必须常修剪，矮化植株，并施用有机肥料如油柏、豆饼，促进新叶生长，若植株老化则施以强剪。兰屿花椒性喜高温多湿，生长适温22～32℃；椿叶花椒性喜温暖耐高温，生长适温15～28℃。

芳香美味 - **胡椒木**

Zanthoxylum piperitum

芸香科常绿灌木
别名：山椒
原产地：日本、韩国

胡椒木株高 30 ~ 90 cm，奇数羽状复叶，叶基有短刺 2 枚，叶轴有狭翼。小叶对生，倒卵形，长 0.7 ~ 1 cm，革质，叶面浓绿富光泽，全叶密生腺体。雌雄异株，雄花黄色，雌花红橙色，子房 3 ~ 4 个。果实球形有凹沟，熟果暗红色。全株具浓烈胡椒香味，枝叶青翠适作修剪成形、庭植美化、绿篱或盆栽。

● 繁殖：扦插、高压法，春季为适期。

● 栽培重点：栽培土质以肥沃的砂质壤土为佳，排水、日照需良好。春至秋季施肥 3 ~ 4 次，春季修剪整枝。性喜温暖至高温，生长适温 20 ~ 30 ℃，冬季忌长期阴湿。

1
2 3

1 胡椒木
2 胡椒木开花
3 胡椒木

白柿

Casimiroa edulis

芸香科常绿中乔木
别名：白人心果
原产地：美洲热带

白柿是热带果树，株高可达15 m，树皮密生点状皮孔。掌状复叶，互生或丛生枝端，小叶3～5枚，长椭圆形或倒披针形，先端渐尖，全缘，纸质，叶背淡绿色。春季开花，花顶出腋生，花冠黄绿色。浆果球形或梨形，果径5～10 cm，熟果黄绿色，果肉黄或白色。适作园景树，果实可生食或制果汁、果冻。

●繁殖：播种法，春季为适期。

●栽培重点：栽培介质以砂质壤土为佳。春至秋季生长期施肥3～4次，成年树增加磷、钾肥能促进开花结果。果后应修剪整枝，成年树移植前需作断根处理。性喜高温、湿润、向阳之地，生长适温22～32 ℃，日照70%～100%。

白柿

辛香调味 - 咖喱树

Murraya koenigii

芸香科常绿灌木
别名：咖喱九里香
原产地：印度、斯里兰卡

咖喱树株高1～2 m，丛生。奇数羽状复叶，小叶椭圆状歪长卵形，先端钝，叶缘细齿状或细缺刻状，具强烈咖喱辛香味。春、夏季开花，小花上百朵聚生枝顶，白色。叶片可当调味菜，印度、马来西亚人常食用。生性强健，枝叶四季翠绿，适于庭植、盆栽或药用。

●繁殖：春至秋季用分株、扦插法。

●栽培重点：栽培土质用壤土或砂质壤土为佳。排水需良好，全日照、半日照均理想。每1～2个月施肥1次。植株老化需施以强剪。性喜高温，生长适温22～32 ℃。

咖喱树

树冠优美 - **加杨**
Populus × canadensis

杨柳科落叶乔木
别名：加拿大杨
杂交种

加杨株高可达 30 m，树冠圆锥形。叶互生，阔卵形或三角形，先端尖，细锯齿缘，叶面富光泽。雌雄异株，早春开花，菜荑花序，雄花红色，雌花绿色。蒴果绿色，种子被毛。生长快速，树形优美，在低温下冬季落叶前，叶片会转黄色，适作园景树、行道树。

●繁殖：播种法，春季为适期。

●栽培重点：栽培土质以砂质壤土为佳。排水、日照需良好。春、夏季施肥 2 ~ 3 次。冬季落叶后应修剪整枝。性喜冷凉至温暖，忌高温，生长适温 12 ~ 25 ℃。高冷地或中海拔地区栽培为佳。

加杨

诗情画意 - 柳树类

Salix babylonica（垂柳）
Salix ohsidare（青皮垂柳）
Salix matsudana 'Tortuosa'
（龙爪柳）
Salix gracilistyla（猫柳）
Salix warburgii（水柳）

杨柳科落叶灌木或乔木
龙爪柳别名：云龙柳
猫柳别名：蒲柳、细柱柳、银芽柳
原产地：
垂柳：中国
青皮垂柳：日本
猫柳：中国、日本、韩国、朝鲜
水柳：中国台湾
龙爪柳：栽培种

1 2

1 垂柳
2 垂柳

垂柳：落叶乔木，树高可达 6 m，小枝细长下垂，红褐色。叶互生，线状披针形，细锯齿缘，叶背粉绿色。树形优美，耐旱耐湿，生长迅速，适作行道树、园景树、河川水池边缘美化。

青皮垂柳：落叶乔木，树高可达 6 m，枝条细长，柔软下垂，小枝绿色。叶互生，线状披针形。树冠婀娜多姿，耐旱耐湿，生长快速，为行道树、园景树高级树种，极适合河川、水池边缘美化，值得推广。

龙爪柳：落叶灌木或小乔本，株高可达 3 m，小枝绿色或绿褐色，不规则扭曲。叶互生，线状披针形，细锯齿缘，叶背粉绿色，全叶呈波状弯曲；枝条优雅美观，为高级插花素材，也适作园景树或河川、水池边缘栽培。

猫柳：落叶灌木，株高可达 2 m。叶互生，长椭圆形，先端尖，细锯齿缘，厚纸质，叶背粉绿色。雌雄异株，春季开花，花蕾被覆红色芽鳞，脱落后露出茸毛花穗，雌蕊银白色，具光泽，为高级插花花材。适作庭园美化或水池边缘栽培。

水柳：落叶乔木，株高可达 5 m。叶卵状披针形，细锯齿缘，叶背粉绿色。雌雄异株，荑荑花序。生性强健，成长迅速，耐旱耐湿，适作园景树、护岸防堤树。

●繁殖：水柳可用播种或扦插法，其他4种可用扦插法，生长迅速，春至夏季为适期。垂柳、青皮垂柳高约2 m即可定植。

●栽培重点：喜好潮湿，栽培土质以湿润的壤土最佳，砂质壤土次之。日照要充足。幼株春至夏季为生长旺盛期，每1～2个月施肥1次，并充分补给水分。

每年冬季落叶后应做修剪、整枝，维护树形美观；若植株过于老化，可施行强剪，促使萌发新枝叶。乔木类主干下部长出的侧枝应随时剪去，以促使快速长高。性喜温暖至高温，生长适温15～28℃。

7	
8	10
9	

7 猫柳
8 猫柳
9 水柳
10 水柳

檀香
Santalum album

檀香科常绿小乔木
原产地：太平洋群岛

檀香是半寄生植物，株高可达6 m以上，全株光滑。叶对生，有椭圆形、卵状椭圆形或卵状披针形，先端锐，全缘波状缘，膜质，叶背有白粉。全年开花，圆锥花序顶生或腋生，小花紫红色。浆果球形或卵形，熟果红转黑紫色。适作园景树。木材为贵重香料，可制线香、工艺品、雕刻、檀香扇等。

●繁殖：播种法，春至夏季为适期。

●栽培重点：幼株可与过山香或七里香（月橘）合植，使根部接触寄生物。栽培介质以壤土或砂质壤土为佳。春至秋季生长期施肥3～4次。春季修剪整枝能促使长高，成年树移植之前需作断根处理。性喜高温、湿润、向阳之地，生长适温23～32℃，日照70%～100%。

1 檀香
2 檀香
3 檀香

耐瘠防沙 - **车桑子**
Dodonaea viscosa

无患子科常绿灌木或小乔木
原产地：中国及东南亚

车桑子株高 1 ~ 3 m。叶线状披针形或倒披针形，常朝天生长，两面均有黏质。春至夏季开花，黄绿色。蒴果扁平，阔圆翅状，赤褐色，久不脱落，如天然干燥花，种子油可药用和制造肥皂。生性强健，耐旱、耐瘠，适作绿篱、庭植美化。

●繁殖：播种法，春、秋季为适期。

●栽培重点：不择土质，但以砂质壤土或砂砾地为佳。排水、日照需良好。年中施肥 2 ~ 3 次。春季应修剪整枝，老化的植株应施以强剪。性喜高温，生长适温 20 ~ 30 ℃。

1 车桑子
2 车桑子
3 车桑子

枝叶翠绿 - **大叶车桑子**
Dodonaea triquetra

无患子科常绿灌木
别名：大叶坡柳
原产地：大洋洲

大叶车桑子株高可达 2.5 m，幼枝略侧扁。叶互生，长椭圆形或倒披针形，先端钝或尖，长 8 ~ 15 cm，全缘，薄革质。春至夏季开花，花腋生，小花多数淡绿色。蒴果扁平，成熟赤褐色，可当干燥花材。生性强健，枝叶翠绿，适作庭植美化、绿篱或盆栽。

●繁殖：播种、扦插法，春季为适期。

●栽培重点：栽培土质以壤土或砂质壤土为佳。排水、日照需良好。春至夏季生长期施肥 2 ~ 3 次。春季应修剪整枝，植株老化要强剪，绿篱栽培时应随时作修剪，促使枝叶生长茂密。性喜高温多湿，生长适温 20 ~ 30 ℃。

■ 大叶车桑子

海岸防风 - **止宫树**
Allophylus timorensis

无患子科常绿灌木
别名：假茄苳、海滨异株
原产地：中国、太平洋诸岛、东南亚

止宫树株高 1 ~ 3 m。叶互生，3 出复叶，小叶卵形，疏锯齿缘，厚纸质。春季开花，总状或圆锥花序，花冠白色。核果球形，熟果由绿转鲜红色，玲珑美艳。耐旱耐盐、抗风，极适合作海岸防风、庭植美化。

●繁殖：播种或扦插法，春至夏季为适期。

●栽培重点：栽培土质以砂土或砂质壤土为佳，排水、日照需良好。每季施肥 1 次。每年春季应做修剪整枝，老化的植株应施以强剪。性喜高温，生长适温 23 ~ 32 ℃。

■ 止宫树

龙眼
Euphoria longana

番龙眼
Pometia pinnata

荔枝
Litchi chinensis

无患子科常绿乔木
龙眼别名：桂圆
番龙眼别名：台东龙眼、拔那龙眼
原产地：
龙眼、荔枝：中国及中南半岛
番龙眼：中国台湾、太平洋诸岛

龙眼：亚热带果树，树高可达 12 m。偶数羽状复叶，小叶披针状椭圆形，革质。春季开花，圆锥花序，花顶生，黄褐色。核果球形，假种皮可鲜食、制果干。生性强健，耐旱耐瘠，适作园景树、诱鸟树。

番龙眼：热带果树，树高可达 18 m。偶数羽状复叶，长椭圆形或长卵形，厚纸质。圆锥花序，花顶生，黄白色。核果球形，黄绿色，假种皮可鲜食。适作园景树、诱鸟树。

荔枝：亚热带果树，株高可达 10 m。偶数羽状复叶，小叶长椭圆形，革质。春季开花，圆锥花序，花顶生，黄绿色。核果卵形或球形，由绿转红熟，果皮有龟甲状瘤凸，假种皮半透明，味甜美，可鲜食或制果干和罐头。适作园景树、诱鸟树。

●繁殖：龙眼用实生苗嫁接优良品种，番龙眼用播种法育苗，荔枝用高压法育苗。

●栽培重点：不拘土质，但以排水良好的砂质壤土最佳，日照需良好。幼树每季施肥 1 次，成年树早春施肥 1 次，果实发育期再追肥 1 次。果期过后应修剪整枝，剪除徒长枝、下垂枝、病虫害枝等。若生长正常，从幼株到结果需 5 ~ 6 年。性喜高温，生长适温 20 ~ 30 ℃。

1 龙眼
2 番龙眼
3 荔枝

非蕨类 - **树蕨**

Filicium deciiens

无患子科常绿小乔木
原产地：印度、斯里兰卡

　　树蕨不是蕨类，株高可达 5 m，盆栽幼株 50 ～ 100 cm。羽状复叶，小叶阔线形，羽叶中轴有三角形翅翼，枝叶飒爽青翠。成年植株是庭园树，幼株可盆栽作室内植物。

　　●繁殖：播种法，春季为播种适期，种子发芽适温 23 ～ 27 ℃。

　　●栽培重点：栽培土质以肥沃的壤土最佳，排水需良好。全日照、半日照均理想，日照充足则生长较旺盛。每 1 ～ 2 个月施用有机肥料或氮、磷、钾肥料 1 次。幼株生长缓慢是正常现象，欲促其长高，应随时摘除主干下部叶片。性喜高温，生长适温 22 ～ 30 ℃。

▓ 树蕨

肥皂代品 - **无患子**

Sapindus mukorossi

无患子科落叶乔木
别名：黄目子
原产地：中国、印度、韩国、日本

　　无患子株高可达 15 m。偶数羽状复叶，小叶长卵形或披针形。夏季开花，白或黄绿色。核果球形，熟果腊黄色，种子黑色。果皮可代替肥皂洗涤衣物，花、根、核均可药用。成年树 1 ～ 3 月落叶前转金黄色，极美观，适作行道树、庭园树、诱鸟树。

　　●繁殖：播种法，春季为适期。

　　●栽培重点：不拘土质，但以湿润的壤土最佳，排水、日照需良好。幼株每 2 ～ 3 个月施肥 1 次。早春落叶后修剪整枝。性喜温暖至高温，生长适温 18 ～ 30 ℃。

▓ 无患子

南洋名果 - 红毛丹
Nephelium lappaceum

无患子科常绿乔木
别名：韶子
原产地：中国、马来西亚

　　红毛丹是热带果树，株高可达 15 m。偶数羽状复叶，小叶卵形或长椭圆形，全缘，革质。春至初夏开花，圆锥花序，花冠黄绿色。核果卵圆形，果表密被细长软刺，熟果鲜红色，味甜可口，可鲜食。树冠壮硕，适作园景树、诱鸟树。

　　●繁殖：播种、高压或嫁接法育苗，春季为适期。

　　●栽培重点：栽培土质以肥沃湿润的壤土为佳，日照需良好。春至夏季每 1～2 个月追肥 1 次，成年树增加磷、钾肥能促进开花结果。性喜高温多湿，生长适温 23～32 ℃。

红毛丹

山榄科 SAPOTACEAE

人心果
Achras zapota (Manilkara zapota)

山榄科常绿中乔木
别名：沙漠吉拉
原产地：美洲热带

　　人心果是热带果树，树高可达 16 m，全株具白色乳汁。叶簇生枝端，倒卵状椭圆形，革质，幼枝叶有锈色茸毛。夏季开花，花冠筒状，白色。浆果椭圆形，暗褐色，果皮附糠状疣，软熟味甜，糖分高达 14%，可鲜食。乳汁可供制口香糖，适作园景树、诱鸟树。木材坚实，可制贵重家具。

　　●繁殖：播种、高压或嫁接法，春季为适期。

　　●栽培重点：土层深厚的土壤为佳，排水、日照需良好。生长缓慢，施肥每季 1 次，成年树增加磷、钾肥，能促进结果。果实需防果蝇虫害。性喜高温，生长适温 22～30 ℃。

人心果

蛋黄果

Lucuma nervosa (Pouteria campechiana)

山榄科常绿小乔木
别名：仙桃
原产地：南美洲、北美洲

　　蛋黄果是热带果树，株高可达 8 m。叶互生，长椭圆形或披针形。夏季开花，花冠壶形，淡绿色。果实椭圆形或阔卵形，先端尖，熟果橙黄色，果肉如蛋黄，柔软缺水，味香甜，可鲜食。喜好高温，适作园景树、诱鸟树。

　　●繁殖：播种、嫁接法，春季为适期。

　　●栽培重点：土层深厚且排水良好的壤土或砂质壤土为佳，日照要充足。每季施肥 1 次。枝条过密或徒长枝需适时修剪。成年树提高磷、钾肥能促进开花结果。嫁接苗经 2 ~ 3 年即能结果。生长适温 23 ~ 30 ℃。

1 蛋黄果
2 蛋黄果
3 蛋黄果开花

加蜜蛋黄果
Lucuma caimito (Pouteria caimito)

山榄科常绿小乔木
别名：黄晶果
原产地：巴西、秘鲁

加蜜蛋黄果是热带果树，在原产地株高可达 30 m，枝叶有白色乳汁。叶互生，长椭圆形或倒披针形，波状缘，革质。春季开花，花冠壶形，淡白或黄绿色。浆果球形或卵圆形，先端突尖，熟果金黄色；果肉乳白色，半透明胶质状。适作园景树、诱鸟树。果实可生食、制果汁。

●繁殖：播种或嫁接法，春季为适期。

●栽培重点：栽培介质以壤土或砂质壤土为佳。春至夏季施肥 2 ~ 3 次，冬季施用有机肥，成年树增加磷、钾肥能促进开花结果。果后应修剪整枝。性喜高温、湿润、向阳之地，生长适温 24 ~ 32 ℃，日照 70% ~ 100%。

1 加蜜蛋黄果
2 加蜜蛋黄果
3 加蜜蛋黄果开花

热带水果 - 星苹果
Chrysophyllum cainito

山榄科常绿中乔木
别名：牛奶果
原产地：美洲热带

　　星苹果是热带果树，株高可达 10 m，枝叶有白色乳汁。叶互生，幼树呈长卵形，成年树转卵状椭圆形，先端突尖，叶背密被赤褐色茸毛。秋季开花，花冠钟形，淡黄绿色。浆果球形，熟果暗紫色，横剖面有星形图案，果肉淡紫色，可鲜食。适作园景树、诱鸟树。

　　●繁殖：播种或高压法，春季为适期。

　　●栽培重点：栽培土质以湿润的砂质壤土最佳。排水、日照需良好，幼株宜荫蔽。春至夏季每 1 ～ 2 个月追肥 1 次，成年树增加磷、钾肥有利结果。果期后应修剪整枝。性喜高温，不耐寒，生长适温 23 ～ 32 ℃。

■ 星苹果

牛油果
Mimusops elengi

山榄科常绿乔木
别名：香榄
原产地：亚洲热带

　　牛油果株高可达 8 m，干易分歧。叶互生，椭圆形或长卵形，先端锐，波状全缘，革质富光泽。春季开花，花腋生。核果长卵形，长约 3 cm，熟果橙黄色。生性强健，成年树枝叶茂密，结实累累，可诱鸟，为优良的园景树、行道树。

　　●繁殖：播种、高压法，春、夏季为适期。

　　●栽培重点：栽培土质以湿润的壤土或砂质壤土最佳。排水、日照需良好。春至夏季施肥每 1 ～ 2 个月 1 次。为促其长高，主干下部长出的侧芽，需随时除去。性喜高温多湿，生长适温 22 ～ 32 ℃。

■ 牛油果

绿荫遮天 - 兰屿山榄
Planchonella duclitan

山榄科常绿大乔木
别名：大叶树青
原产地：菲律宾、中国台湾兰屿

　　兰屿山榄原生于我国台湾兰屿南端溪谷或背风山坡，株高可达20 m以上，成年树干基部有粗壮板根，具白色乳液。叶互生或簇生枝端，长椭圆形或倒卵状椭圆形，先端钝圆或短尾状，全缘。春季开花，总状花序腋生，黄绿色。浆果长椭圆形，熟果紫黑色。树冠高大，绿荫遮天，适作园景树。

　　●繁殖：播种法，春季为适期。

　　●栽培重点：栽培土质以壤土或砂质壤土为佳。排水、日照需良好。春、夏季生长期施肥2～3次。春季修剪整枝。成年树移植需作断根处理。性喜高温多湿，生长适温22～32℃。

1 兰屿山榄
2 兰屿山榄

山榄
Planchonella obovata

大叶山榄
Palaquium formosanum

山榄科常绿乔木
山榄别名：树青
大叶山榄别名：台湾胶木
原产地：
山榄：亚洲热带、中国
大叶山榄：菲律宾、中国

1 山榄
2 大叶山榄
3 大叶山榄

山榄：常绿中乔木，树高可达10 m，全株密被锈色短茸毛。叶互生，倒卵形，厚革质，叶背有灰褐色毛。春季开花，花冠白色。浆果椭圆形，熟果呈黑色。生长缓慢，耐旱、耐盐、抗风，树姿优美，最适合海滨地区作行道树、园景树、防风林等。木材可作建材、制工具。

大叶山榄：常绿大乔木，树高可达20 m。叶互生，丛生枝端，倒卵形或长椭圆形，先端圆或凹，厚革质。秋至春季开花，绿白色。核果椭圆形，熟果黄绿色，花柱宿存，先端具刺状。生长缓慢，生性强健，耐旱、耐盐、抗风，适合海滨地区作行道树、园景树、防风林，树皮可供制染料，木材供建筑使用。

●繁殖：播种或高压法育苗，春季为适期。

●栽培重点：不拘土质，但以排水良好而肥沃的砂质壤土最佳，全日照、半日照均理想，但日照充足则生机旺盛。每季施肥1次，各种有机肥料或氮、磷、钾肥料均佳。若欲使树冠宽阔，必须修剪枝条顶部，促使多分侧枝。成年树极为粗放，仅局部修剪徒长枝即可。性喜高温多湿，生长适温20～30℃。

虎耳草科 SAXIFRAGACEAE
（鼠刺科 ESCALLONIACEAE）

鼠刺
Itea oldhamii

小花鼠刺
Itea parviflora

虎耳草科常绿灌木或小乔木
原产地：
鼠刺：日本、中国
小花鼠刺：中国台湾恒春半岛

鼠刺：株高可达5 m。叶卵状椭圆形，粗锯齿缘。夏、秋季开花，总状花序，白色。适合作绿篱、庭植或盆栽。

小花鼠刺：我国台湾特有植物，株高可达5 m。叶披针形或椭圆状披针形，全缘或波状细齿缘。初夏开花，白色。适合作绿篱或庭植美化。

●繁殖：播种、扦插法，春、秋季为适期。

●栽培重点：排水良好的砂质壤土为佳。全日照、半日照均理想。徒长枝需随时做修剪。性喜温暖，生长适温15～27℃。

1 鼠刺
2 小花鼠刺

玄参科 SCROPHULARIACEAE

速生树种 - 台湾泡桐
Paulownia taiwaniana

玄参科落叶乔木
别名：薄叶桐
原产地：中国台湾

台湾泡桐是我国台湾特有植物，白桐和泡桐的杂交种，分布于我国台湾低、中海拔阔叶林中，株高可达 20 m，大枝干中空，幼枝有柔毛。叶对生，心形或阔卵形，全缘或 3 ~ 5 浅裂，纸质。春季开花，圆锥花序，花冠铃形，先端 5 裂，淡紫色，喉部黄色。蒴果椭圆状卵形，木质。生性强健，成长迅速，但容易老化，不耐强风，适作园景树。

●繁殖：播种、分根法，春季为适期。

●栽培重点：栽培土质以排水良好、土层深厚的砂质壤土最佳，日照需充足。成年树移植困难，需作断根处理。每季施肥 1 次。主干下部常长出侧枝，应即时修剪，以避免杂乱。性喜高温多湿，生长适温 18 ~ 28 ℃。

1 2

1 台湾泡桐
2 台湾泡桐

省沽油科 STAPHYLEACEAE

红果垂悬 - **野鸦椿**
Euscaphis japonica

省沽油科落叶小乔木
原产地：中国、日本

　　野鸦椿株高可达 5 m。奇数羽状复叶，小叶对生，卵形或卵状披针形，先端锐，细锯齿缘，叶面深绿色且光滑。春至夏季开花，圆锥花序顶生，花黄白色。蓇葖果镰刀状卵形，开裂鲜红色，种子黑色。叶色浓绿，果实裂开时，红果悬垂而下，颇为优美，适作园景树。

　　●繁殖：播种、扦插法育苗，春至秋季为适期。

　　●栽培重点：栽培土质以湿润的壤土最佳，排水需良好。性耐阴，半日照则生长较旺盛。冬季落叶后修剪整枝，使树形均衡生长。性喜高温，忌干燥，生长适温 18 ～ 28 ℃。

■ 野鸦椿

梧桐科 STERCULIACEAE

台湾梭罗树
Reevesia formosana

梧桐科落叶乔木
别名：铣床楠
原产地：中国台湾

　　台湾梭罗树是我国台湾特有树种，分布于中、南部低海拔山区，株高可达 12 m。叶互生，长椭圆形，先端锐，波状全缘。春季开花，花顶生，黄白色。蒴果倒卵形，木质，深褐色。成年树寿命长，树冠宽大，绿荫遮天，为优良的木材、园景树、绿荫树。

　　●繁殖：播种、高压法，春季为适期。

　　●栽培重点：栽培土质以土层深厚、湿润的壤土或砂质壤土最佳。排水、日照需良好。春至夏季为生长盛期，幼树要充分补给水分、肥料。冬季落叶后需修剪整枝。性喜高温多湿，生长适温 22 ～ 32 ℃。

■ 台湾梭罗树

风姿怡人 - **梧桐**
Firmiana simplex

梧桐科落叶中乔木
别名：青桐
原产地：中国

　　梧桐树高可达 15 m，侧枝轮生，树皮绿色。叶丛生枝端，心形，呈 3 ~ 5 掌状分裂。夏季开花，圆锥花序顶生，花冠白色。蒴果成熟后完全开裂，果片呈杓形。风姿怡人，常为骚人墨客吟咏作画的题材，适作行道树、庭园树。木材可制乐器，树皮可造纸。

　　●繁殖：播种法，春、秋季为适期。

　　●栽培重点：栽培土质以砂质壤土为佳，排水、日照需良好。每季施肥 1 次。冬季落叶后应修剪整枝，促使树冠生长均衡且美观。性喜温暖至高温，生长适温 15 ~ 28 ℃。

1 梧桐
2 梧桐树皮绿色
3 梧桐

巧克力原料 - **可可树**

Theobroma cocao

梧桐科常绿小乔木
原产地：南美洲热带、西印度群岛

　　可可树株高可达 8 m。叶互生，长椭圆形或长倒卵形，先端尖，幼叶红褐色。秋至翌年春季开花，花着生于树干，3～6 朵 1 簇，淡红色。果实长纺缍状卵形，表面有 10 脊棱，熟果橙黄至鲜红色，种子碾成粉可制巧克力、饮料。生态奇特，适作园景树。

　　●繁殖：播种法，春季为适期。

　　●栽培重点：栽培土质以肥沃的砂质壤土为佳，排水、日照需良好。幼树定植时预埋基肥，年中施肥 2～3 次，成年树应提高磷、钾肥以促进结果。成年树可整枝但不可强剪。性喜高温多湿，生长适温23～32 ℃。

可可树

绿荫耐风 - **克兰树**

Kleinhovia hospita

梧桐科常绿小乔木或中乔木
别名：鹧鸪麻
原产地：中国、菲律宾、马来西亚、非洲东部、大洋洲

　　克兰树株高可达 10 m。叶互生，心形至心状圆形，幼枝叶具褐毛，纸质。夏至秋季开花，圆锥花序顶生，花色淡粉红。蒴果倒圆锥形，膜质，5 棱，熟果褐色。绿荫耐风，适作行道树、园景树。嫩叶可食用，树皮制绳索，木材制农具、渔具。

　　●繁殖：播种法，春至夏季为适期。

　　●栽培重点：栽培土质以砂质壤土为佳，排水、日照需良好。年中施肥 2～3 次。春季应修剪整枝，成年树甚为强健粗放。性喜高温多湿，生长适温22～30 ℃。

克兰树

槭叶酒瓶树
Brachychiton acerifolius

星花酒瓶树
Brachychiton discolor

梧桐科常绿乔木
槭叶酒瓶树别名：槭叶桐、火树
原产地：
槭叶酒瓶树、星花酒瓶树：大洋洲

1 2 3
1 槭叶酒瓶树
2 槭叶酒瓶树
3 星花酒瓶树

槭叶酒瓶树：树高可达 12 m，干通直，树皮绿色。叶互生，掌状裂叶 7 ~ 9 裂，裂片再呈羽状深裂，先端锐尖，革质。夏季开花，圆锥花序，花萼鲜红色。幼株生长缓慢，树冠呈伞形，叶形优雅，四季葱翠美观，适作行道树、庭园树。

星花酒瓶树：树高可达 15 m，干通直，树皮绿色。叶互生，常丛生枝端，心形，呈 3 ~ 5 掌状分裂，叶背具短柔毛，幼叶红褐色，具短毛。夏季开花，花腋出，花冠裂片呈星形，粉红色，喉部暗红色，花姿极为柔美。树姿荫绿遮天，适作行道树、庭园树。

●繁殖：播种法，春、秋季为适期。成苗后移植于容器内栽培，待株高 1 m 以上再行定植。

●栽培重点：栽培土质以湿润且排水良好的壤土最佳，砂质壤土次之。日照需良好。定植时宜预埋基肥，秋末至春季为生长旺盛期，每 1 ~ 2 个月施肥 1 次，各种有机肥料或氮、磷、钾肥料均理想，成年树提高磷、钾肥比例能促进开花。每年夏末初秋应修剪整枝 1 次，幼树生长缓慢，应常修剪主干下部的枝叶，能促使主干快速长高，成年树极为粗放。性喜温暖，耐高温，生长适温 15 ~ 28 ℃。

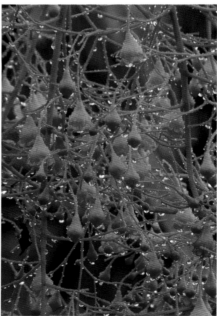

昆士兰瓶干树
Brachychiton rupestris

梧桐科常绿乔木
别名：酒瓶树、佛肚树
原产地：大洋洲

　　昆士兰瓶干树为常绿乔木，株高可达
20 m，主干肥大，直径可达 2 m 以上。幼树
掌状裂叶，裂片线形，无柄；成年树叶片披
针形，叶柄细长，革质。圆锥花序，花冠钟形。
蓇葖果近椭圆形。种子富含淀粉，大洋洲原
住民常食用。为著名的园景树、行道树。

　　●繁殖：播种法，春、秋季为适期。

　　●栽培重点：栽培介质以壤土或砂质壤
土为佳。幼树春至秋季施肥 3 ~ 4 次。幼树
生长缓慢，成年树极为粗放，移植之前需作
断根处理。性喜高温、湿润、向阳之地，生
长适温 20 ~ 30 ℃，日照 70% ~ 100%。

1 昆士兰瓶干树
2 昆士兰瓶干树
3 昆士兰瓶干树

板根植物 - **银叶树**

Heritiera littoralis

梧桐科常绿乔木
原产地：中国、太平洋诸岛

银叶树成年树的干基有板根。叶互生，长椭圆形，背面密被银白色鳞痂，革质。春季开花，圆锥花序顶生，暗红色。坚果长椭圆形，木质，腹部具龙骨突起，内有空气室。板根植物干基稳如泰山，绿荫抗风，为优良的庭园树、防风林。

●繁殖：播种法，春至夏季为适期。

●栽培重点：不拘土质，但以肥沃的砂质壤土最佳，排水、日照需良好。成年树移植困难，需作断根处理。年中施肥2～4次。春季应整枝。性喜高温，生长适温 22～30℃。

1 银叶树
2 银叶树叶背银白色
3 银叶树

特殊果树 - **苹婆类**

Sterculia ceramica（兰屿苹婆）
Sterculia foetida（掌叶苹婆）
Sterculia nobilis（苹婆）

梧桐科常绿或落叶乔木
兰屿苹婆别名：台湾苹婆
掌叶苹婆别名：裂叶苹婆、香苹婆
苹婆别名：凤眼果
原产地：
兰屿苹婆：菲律宾、西里伯斯、马六甲、中国
掌叶苹婆：亚洲热带、非洲热带、大洋洲热带
苹婆：中国

兰屿苹婆：常绿小乔木，树高可达 5 m。叶互生，长椭圆状心形或卵状心形，先端尖，纸质。春季开花，圆锥花序。蓇葖果镰刀状，粗肥扁平，暗红色，种子可食用。性强健，耐潮抗风，适合海滨作防风林、庭园树。

掌叶苹婆：落叶乔木，树高可达 25 m。掌状复叶，簇生枝端，小叶 7 ~ 9 枚，椭圆形，先端尖。春季开花，圆锥花序顶生，花被 5 裂，具强烈异味。蓇葖果扁压球形或木鱼形，浅红色。种子紫黑色，可生食或榨油，味如花生。夏季枝叶繁密，适作行道树、园景树。

苹婆：常绿中乔木，株高可达 15 m。叶互生，椭圆形，先端短突尖。春季开花，圆锥花序腋出，白粉红色，花被钟形，形似小皇冠。蓇葖果扁肥如豆荚，暗红色。种子深褐色，可生炒或煮食，味如蛋黄或板栗。树冠呈伞形，枝叶浓密，适作行道树、庭园绿荫树。

●繁殖：播种、扦插或高压法，种子宜现采即播，扦插、高压法以春至夏季为适期。

●栽培重点：不拘土质，但以排水良好、土层深厚的砂质壤土最佳，日照需充足。年中施肥 2 ~ 3 次。苹婆冬季稍落叶是正常现象，果期过后应修剪整枝；若树势生长旺盛而开花结果少，可在夏、秋季刻伤枝干，能促进春季开花。性喜高温多湿，生长适温 23 ~ 32 ℃。

1 兰屿苹婆
2 掌叶苹婆

3 掌叶苹婆
4 苹婆
5 苹婆花酷似小皇冠
6 苹婆果实成熟会裂开，露出黑褐色种子，形似
凤鸟眼睛，因此又名凤眼果

假苹婆

Sterculia lanceolata

梧桐科常绿乔木
别名：赛苹婆
原产地：中国、越南、泰国、缅甸

　　假苹婆为常绿乔木，株高可达 8 m。叶互生，长椭圆形或椭圆状披针形，先端尖，全缘，近革质。春末开花，圆锥花序，花萼淡红色。蓇葖果长椭圆形，形似豆荚，具喙，熟果鲜红色；种子椭圆状卵形，黑褐色。适作园景树。种子可食用、榨油。茎皮纤维可织麻袋、造纸。

　　●繁殖：播种、扦插或高压法，春至夏季为适期。地下走茎能长出幼株，可分株另植成新株。

　　●栽培重点：栽培介质以壤土或砂质壤土为佳。春至夏季生长期施肥 2 ～ 3 次。春季或果后应修剪整枝，修剪主干下部侧枝能促进树冠长高，成年树移植之前需作断根处理。性喜高温、湿润、向阳之地，生长适温 23 ～ 32 ℃，日照 70% ～ 100%。

1 假苹婆
2 假苹婆
3 假苹婆

槭叶翅子木

Pterospermum acerifolium

梧桐科常绿大乔木
原产地：中国及亚洲热带

槭叶翅子木株高可达 18 m，干通直。叶互生，圆形至椭圆形，先端突尖或钝，幼叶常具不规则浅齿裂，叶背有星状毛，革质。初夏开花，花白色。蒴果长纺缍形，棕褐色，种子有翅。成年树绿荫耐风，适作园景树，木材可供制器具、木屐等。

●繁殖：播种法，春季为适期。

●栽培重点：栽培土质以砂质壤土为佳，日照需充足。幼树春至夏季各施肥 1 次。每年春季应修剪整枝，主干下部长出的侧芽应及时剪去，成年树极为粗放。性喜高温多湿，生长适温 22 ～ 32 ℃。

安息香科 STYRACEAE

乌皮九苓

Styrax formosana

安息香科落叶小乔木
别名：台湾安息香
原产地：中国台湾

　　乌皮九苓是我国台湾特有植物，分布于中、北部低海拔山区，株高可达 5 m，树皮灰黑色。叶互生，菱状长椭圆形，先端尖，长 4～6 cm，全缘，叶色深绿。春季开花，花腋生，花冠白色。蒴果卵状椭圆形，先端尖喙状。适作园景树、行道树，幼树可盆栽。

　　●繁殖：播种法，春季为适期。

　　●栽培重点：栽培土质以壤土或砂质壤土为佳。排水、日照需良好。春至夏季生长期间施肥 2～3 次，有机肥料尤佳。幼树冬季落叶后应修剪整枝，成年树移植需作断根处理。性喜温暖至高温，生长适温 15～28 ℃。

1 乌皮九苓
2 乌皮九苓

白鸟蕉
Strelitzia nicolai

旅人蕉
Ravenala madagascariensis

旅人蕉科常绿灌木或乔木状
白鸟蕉别名：大鹤望兰
原产地：
白鸟蕉：非洲热带
旅人蕉：马达加斯加

123

1 白鸟蕉
2 旅人蕉
3 旅人蕉

白鸟蕉：常绿灌木或小乔木状，株高可达 6 m。叶丛生枝端，具长柄，状如芭蕉，叶柄具翅与沟。花序由叶腋出，花茎短，苞片黑紫色，舌瓣白色，形似大型天堂鸟蕉。成年植株挺拔且壮硕，为庭园美化高级材料，幼株也适合作盆栽。

旅人蕉：常绿乔木，株高可达 10 m。叶丛生枝端，排成 2 纵列，具长柄，形似芭蕉，自茎顶斜上放射生长，状如一把大扇，叶鞘能贮藏大量水液，沙漠旅人常以刀具削切取水，故名旅人蕉。成年植株开花佛焰苞状，白色。蒴果形似香蕉，果皮坚硬，种子扁椭圆形。生性强健，树姿高雅，适作园景树，幼株可盆栽观叶。

●繁殖：播种、分株法，春至夏季为适期。大量繁殖用播种法，发芽成苗后移殖于花盆栽培，待苗高 1 m 以上，再行定植。另成年植株能自基部萌发幼株，可挖掘另植。

●栽培重点：栽培土质以湿润且排水良好的壤土或砂质壤土最佳，日照要充足。若在同一地点定植多株，叶面要调整为同一方向较美观。叶面被强风吹袭易破碎，应尽量选择避风地点定植。幼株定植时预埋基肥，春、夏季至中秋为生长旺盛期，每 1 ~ 2 个月追肥 1 次。成长期间需修剪两侧老叶，促使植株长高。性喜高温多湿，生长适温 23 ~ 32 ℃。

柽柳科 TAMARICACEAE

叶姿柔美 - **柽柳类**

Tamarix aphylla（无叶柽柳）
Tamarix juniperina（Tamarix chinensis）（华北柽柳）

柽柳科常绿、落叶灌木或小乔木
原产地：
无叶柽柳：伊朗、阿拉伯
华北柽柳：中国

1 无叶柽柳
2 华北柽柳

无叶柽柳：常绿灌木或小乔木，株高可达 4 m，树形呈针叶树状，外形酷似木麻黄。小枝圆筒形、接合状、纤细、开展性，叶已退化呈鞘状，具一齿。春、夏季开花，总状圆锥花序顶生，白至淡粉红色。成年植株枝叶柔细，灰绿色，风格独特。耐风、耐旱、耐瘠，适作园景树、海滨防风林或药用，具发汗、解热、利尿之药效。

华北柽柳：落叶灌木或小乔木，株高可达 4 m。枝条纤细密致成膨松团状，易下垂，叶披针形细鳞片状，极细致。春至夏季开花，总状花序顶生，花色淡红。耐风、耐旱，适作防风林、园景树或药用，具疏风、解热、利尿、解毒之功效。

● 繁殖：扦插或高压法，但以扦插法为主，春季为适期。

● 栽培重点：栽培土质选择性不严，但以排水良好的壤土或砂质壤土最佳。日照要充足。幼株生长期间需水较多，应注意水分补给，成年树极耐旱。每 1～2 个月施肥 1 次，各种有机肥料或氮、磷、钾肥料均理想。无叶柽柳春季应修剪整枝，华北柽柳则在冬季落叶后整枝，若植株老化可施行强剪，能促使萌发新枝。无叶柽柳性喜高温，生长适温 22～32 ℃；华北柽柳性喜温暖至高温，生长适温 18～30 ℃。

诱鸟植物 - **南美假樱桃**

Muntingia calabura

椴树科常绿小乔木
别名：丽李、文定果
原产地：美洲热带

　　南美假樱桃株高可达 6 m，侧枝呈水平开展。叶长椭圆状卵形，先端尖，基歪心形，锯齿缘，两面密被短毛，纸质。全年均能开花结果，但以春季最盛开，花冠白色。浆果球形，红熟味香甜，可鲜食。生性强健，生长快速，适作行道树、庭园树、诱鸟树。

　　●繁殖：播种、扦插或高压法，春、秋季为适期。

　　●栽培重点：不择土质，但以排水良好的砂质壤土最佳。日照需充足。年中施肥 2 ~ 4 次，成年树应增加磷、钾肥。树姿不均衡应局部修剪。性喜高温，生长适温 23 ~ 32 ℃。

1 南美假樱桃
2 南美假樱桃干皮纤维丰富，可制绳索
3 南美假樱桃

珍稀植物 - **六翅木**
Berrya cordifolia

椴树科常绿小乔木
别名：心叶浆果椴
原产地：亚洲热带、中国

　　六翅木在我国台湾分布于南部低海拔
山区，野生种群数量极稀少，目前已被列
为稀有植物，株高可达6 m。叶互生，卵形，
先端短尖，长 10 ~ 18 cm，全缘或波状缘，
叶柄红色。夏季开花，圆锥花序，花顶生，
小花白色。蒴果球形，具 6 翅。适作园景
树、行道树。

　　●繁殖：播种法，春季为适期。

　　●栽培重点：栽培土质以壤土或砂质
壤土为佳。排水、日照需良好。幼树春、
夏季生长期施肥 2 ~ 3 次，有机肥料尤
佳。春季修剪整枝，剪除主干下部侧枝，
能促进树冠长高。性喜高温多湿，生长适
温 22 ~ 32 ℃。

1 六翅木
2 六翅木

山茶科 THEACEAE

耐阴耐旱 - 厚皮香

Ternstroemia gymnanthera

山茶科常绿小乔木

别名：红柴

原产地：中国、中南半岛、菲律宾、马来西亚、日本

　　厚皮香株高可达 9 m，树皮红褐或灰褐色。叶互生，椭圆状倒卵形或披针形，先端钝或锐，厚革质，叶柄紫红色。冬至早春开花，花有梗腋出，黄色。浆果球形，短尖，熟果赤褐色。生长缓慢，耐旱耐阴，为高级绿篱树、行道树、园景树和诱鸟树。木材供制器具。

　　●繁殖：播种、扦插法，春、秋季为适期。

　　●栽培重点：排水良好且湿润的砂质壤土最佳。全日照、半日照均理想。年中施肥 2 ～ 4 次，生长缓慢忌大量施肥，也不宜重剪。性喜温暖耐高温，生长适温 18 ～ 28 ℃。

1 厚皮香果实
2 厚皮香

终年青翠 - **柃木类**

Eurya japonica (Eurya nitida)
（柃木）
Eurya emarginata（凹叶柃木）
Eurya emarginata 'Emerald'
（翡翠滨柃木）
Eurya emarginata 'Pearl'
（珍珠滨柃木）

山茶科常绿灌木
凹叶柃木别名：滨柃
原产地：
柃木：中国、韩国、日本、朝鲜
凹叶柃木：中国、日本、韩国
翡翠滨柃木、珍珠滨柃木：栽培种

　　柃木：株高可达 2 m，善分枝。叶互生，椭圆形、倒披针形或阔披针形，先端钝或锐，细锯齿缘，革质，新叶呈红褐色。春季开花，花冠黄白色。浆果球形，熟果紫黑色。阴性树，生长缓慢、耐阴、耐旱，萌芽力强，终年青翠，适作绿篱、修剪造型、园景树或花材。

　　凹叶柃木：株高可达 1.5 m，枝条平展，分枝密集。叶互生，倒卵形或椭圆状倒卵形，先端短锐或圆凹，上半部锯齿缘，硬革质。春季开花，花冠黄绿色。浆果球形，熟果紫黑色。半阴性树，生长缓慢、耐阴、耐旱、耐潮，叶形小巧，四季翠绿，适作绿篱、修剪造型、园景树、海滨防风固沙树、插花素材。园艺栽培种有翡翠滨柃木、珍珠滨柃木等。

1 柃木
2 柃木

●繁殖：播种、扦插法，春、秋季为适期。

●栽培重点：栽培土质以排水良好且湿润的砂质壤土最佳。性耐阴，全日照、半日照均理想。生长缓慢是正常现象，生长期每1～2个月施肥1次，尤其偏好有机肥料，豆饼、油粕或干鸡粪等，肥效极佳。如树冠不均衡，可局部作整枝修剪，不宜重剪或强剪。性喜温暖、耐高温，生长适温15～27℃。

3
4 5

3 凹叶枰木
4 翡翠滨枰木
5 珍珠滨枰木

茶
Camellia sinensis

油茶
Camellia oleifera

山茶科常绿灌木或小乔木

油茶别名：苦茶

原产地：

茶：中国

油茶：中国

1 茶
2 茶
3 油茶
4 油茶

茶：常绿灌木或小乔木，株高可达5 m，人工栽培约1 m。叶互生，长椭圆形、倒卵形或阔披针形，先端锐或突尖，细锯齿缘，薄革质。冬季开花，短聚伞花序腋生，花冠白色。蒴果扁压球形，熟果褐色。叶可制茶，冲泡作饮料，为经济作物。

油茶：常绿小乔木，株高可达6 m，小枝有毛。叶互生，椭圆形，先端锐或渐尖，细锯齿缘，革质。春季开花，花顶生，花冠白色，花瓣5枚。蒴果球形，熟果呈绿褐色或红褐色；种子可榨油，俗称"苦茶油"，可食用、药用或制润发油、肥皂等。油粕为高级有机肥料。为经济作物，树形优美，适作庭植美化。

●繁殖：茶可用播种、扦插、压条、嫁接法。油茶可用播种、扦插法。播种法均采用成熟种子现采即播为佳，10～11月为播种适期。茶全年均可扦插，但以10月至翌年2月为佳。油茶6～7月扦插最理想。插穗最好使用发根剂处理。

●栽培重点：栽培土质以微酸性的肥沃砂质壤土为佳，排水、日照需良好。幼苗定植前土中宜预施基肥，年中追肥3～4次，并多次修剪整枝，促使枝叶生长茂盛。性喜温暖湿润，生长适温18～25℃；若年中有适当的雨量，晨晚又有浓雾，则茶的品质最佳。

金黄灿烂 - **黄金茶**
Camellia sinensis 'Golden Leaves'

山茶科常绿灌木
栽培种

黄金茶株高可达 1.5 m，幼枝被柔毛。叶互生，椭圆形，先端钝，革质，具细锯齿缘，叶背淡绿；春季萌发新叶金黄色，颇为灿烂。花腋生，花冠白色。适于庭园美化或盆栽，可养成高级盆景，嫩枝叶可制茶。高冷地生长良好，平地夏季生长迟缓。

●繁殖：扦插、嫁接法，春、秋季为适期。

●栽培重点：栽培土质以微酸性的腐殖质土或砂质壤土为佳。排水、日照需良好。冬至春季生长期施肥 2 ~ 3 次，有机肥料尤佳。性喜温暖多湿，生长适温 15 ~ 28 ℃。

■ 黄金茶

洁净优雅 - 大头茶
Gordonia axillaris

山茶科常绿中乔木
别名：台湾椿
原产地：中国、中南半岛

　　大头茶株高可达 10 m，干通直。叶互生，常簇生枝端，长椭圆形或倒披针形，先端圆或钝，上半部波状疏锯齿缘。春季开花，花冠白色。蒴果长卵形，种子扁平有翅。生性强健，耐旱抗风，适作行道树、园景树、边坡水土保持树、花材。

　　●繁殖：播种、扦插法，春、秋季为适期。

　　●栽培重点：栽培土质以富含有机质的砂质壤土为佳，排水、日照需良好。年中施肥 2 ~ 3 次。树冠不均衡则需作局部修剪。性喜温暖至高温，生长适温 15 ~ 28 ℃。

1 大头茶
2 大头茶果实
2 大头茶

乡土树种 - **港口木荷**

Schima superba var. *kankaoensis*

山茶科常绿大乔木
别名：恒春木荷
原产地：中国台湾恒春半岛

　　港口木荷是我国台湾省特有植物，木荷的栽培变种，株高可达 18 m。叶互生，丛生枝端，倒卵状披针形或长椭圆形，先端尾尖或短突尖，全缘，革质。初夏开花，花冠白色，具香气。蒴果扁球形，种子扁平，肾形具狭翅。树姿洁净优雅，适作园景树、行道树。木材可制器具、家具或建材。

　　●繁殖：播种、扦插法，春季为适期。

　　●栽培重点：土层深厚且湿润的壤土或砂质壤土最佳。排水、日照需良好。幼树全年施肥 2 ~ 3 次，冬至早春增加磷肥能促进开花。性喜高温，生长适温 23 ~ 32 ℃。

1 港口木荷
2 港口木荷

树冠庄严 - **大叶红淡比**
Cleyera japonica var. *morii*

山茶科常绿小乔木
别名：森氏红淡比、森氏杨桐
原产地：中国台湾

　　大叶红淡比在我国台湾分布于北部低海拔山区，为台湾特有植物，株高可达 6 m。叶互生，倒卵状椭圆形，厚革质。春季开花、黄白色，浆果球形。阴性树，生性强健，耐旱耐阴，叶片光泽明亮，适作园景树，树冠庄严。

　　●繁殖：播种、扦插法，春、秋季为适期。

　　●栽培重点：栽培土质以肥沃湿润的壤土或砂质壤土最佳，排水需良好。全日照、半日照、稍荫蔽均理想。春或秋季可做局部整枝修剪，以维护树形美观。每季施肥 1 次。性喜温暖，耐高温，生长适温 18 ～ 28 ℃。

1 大叶红淡比
2 大叶红淡比枝叶青翠，树冠庄严
3 大叶红淡比

高贵木材 - **沉香**
Aquilaria sinensis

瑞香科常绿乔木
别名：白木香、土沉香、女儿香
原产地：中国

　　沉香株高可达 15 m。叶互生，椭圆形至倒卵形，全缘，近革质。春至夏季开花，伞形花序顶生或腋生，小花黄绿色，具芳香。蒴果卵球形，种子先端具长啄。老干受伤后分泌的树脂称"沉香"。木材可制芳香油、佛教法器、雕刻神像、线香或药用等，深埋地下的黑色朽木价值极高。树形优美，适作园景树、行道树或盆栽。

　　●繁殖：播种法，春季为适期。

　　●栽培重点：栽培土质以砂质壤土为佳，排水、日照需良好。春至秋季施肥 3～4 次。性喜高温，生长适温 20～30 ℃。

1 沉香
2 沉香果实
3 沉香种子

结香
Edgeworthia chrysantha

瑞香科落叶灌木
别名：软骨木、黄瑞香
原产地：中国

■ 结香

　　结香株高可达 2 m，幼枝柔韧可弯曲。叶互生，倒披针形，先端尖，全缘。春季花先叶开，头状花序顶生或腋生，筒状花冠，先端 4 裂，小花多数聚生成团，黄色，具芳香。果实椭圆形，多果聚生，外被白毛。幼枝柔韧可弯曲打结，颇富趣味，故称"软骨木"，适作庭植或盆栽。树皮纤维丰富，为纸币用纸原料。

　　●繁殖：播种、扦插法，春季为适期。

　　●栽培重点：栽培土质以肥沃砂质壤土为佳。排水、日照需良好。花期过后应修剪整枝。性喜温暖耐高温，生长适温 15 ~ 28 ℃。

榆科 ULMACEAE

绿荫盆栽 - 朴树类
Celtis sinensis（朴树）
Celtis nervosa（小叶朴）
Celtis formosana（石朴）

榆科落叶乔木
朴树别名：沙朴
石朴别名：台湾朴树
原产地：
朴树：中国、越南、韩国
小叶朴：中国
石朴：中国

　　朴树：落叶大乔木，株高可达 18 m。叶互生，卵形或卵状长椭圆形，先端锐或钝形，上半部锯齿缘，纸质。春季开花，黄绿色。核果球形或卵形，熟果橙黄色。生性强健，枝叶青翠，适作庭园绿荫树、行道树、诱鸟树、盆栽。

　　小叶朴：落叶小乔木，株高可达 7 m。叶卵形，先端钝或短尖，不规则锐锯齿缘，厚纸质。春季开花，黄绿色。核果球形。叶小而密生，为古树盆景的高级树种，颇受人喜爱。

　　石朴：落叶乔木，株高可达 18 m。叶长卵形或 3 裂状，先端渐尖，上半部具齿牙状锯齿。核果卵形。耐湿耐瘠，适作园景树、水土保持树种、盆景。

　　●繁殖：播种法，春季为适期。播种成苗后于翌年早春移植于苗圃栽培。

　　●栽培重点：不拘土质，但以排水良好且湿润的壤土或砂质壤土最佳，日照需充足。具深根性，成年树移植前应先作断根处理。春至夏季各施肥 1 次，古树盆景要减少氮肥施用，以防徒长而失去苍古特色。每年冬季落叶后应修剪整枝，早春未萌发新芽之前为盆栽换盆、换土最佳适期。性喜温暖至高温，生长适温 18 ~ 28 ℃。

生长快速 - **山黄麻**

Trema orientalis

榆科常绿中乔木
原产地：中国、印度、日本

　　山黄麻株高可达 15 m。叶互生，卵
形或长卵形，先端尖，细锯齿缘，纸质。
春季开花，黄绿色。核果球形，熟果黑色。
生性强健，生长快速，适作庭园树、诱鸟树、
护坡树。材轻质白，可制饭盒和火柴杆。

　　●繁殖：播种法为主，随采即播为佳。

　　●栽培重点：不择土质，以排水良好、
湿润的砂质壤土和砂砾土均能成长。日照
需充足。幼树喜好水分，每季施肥 1 次，
生长极迅速。早春为修剪整枝适期。性喜
温暖至高温，生长适温 18 ～ 28 ℃。

1 山黄麻
2 山黄麻
3 山黄麻

盆景良材 - **榆树类**

Ulmus parvifolia（榔榆）
Ulmus parvifolia 'Golden Sun'（曙榆）
Ulmus parvifolia 'Rainbow'（锦榆）
Ulmus parvifolia 'Vaiegata'（白榆）
Ulmus americana 'Aurea'
（黄金美国榆）

榆科落叶灌木
榔榆别名：红鸡油、小叶榆
原产地：
榔榆：中国、日本、韩国
曙榆、锦榆、白榆、黄金美国榆：栽培种

1	2		4	5
3			6	7

1 榔榆
2 榔榆
3 榔榆翅果卵形，膜
质，成熟后呈红色

4 曙榆
5 锦榆
6 白榆
7 黄金美国榆

榔榆：落叶中乔木，株高可达 15 m。叶互生，卵形或椭圆形，基歪，钝锯齿缘，革质或厚纸质。秋季开花，淡黄绿色。翅果膜质，卵形，簇生于叶腋。生性强健，耐旱耐瘠，叶片纤细，萌芽力强，适作园景树、修剪造型、行道树，亦可养成高贵盆景，风格独特。材质坚硬，可作器具、车船用材。

曙榆、锦榆、白榆：此 3 种均是榔榆的栽培变种。曙榆新叶呈金黄色，锦榆幼叶具白、乳黄、桃红色等斑纹，白榆叶面有白色斑纹。叶色优雅美观，可庭植或盆栽，颇受欢迎。

黄金美国榆：落叶乔木，株高可达 5 m。叶互生，椭圆形或倒卵形，先端锐或尖，粗锯齿缘，纸质。叶色金黄，极为逸雅，适作盆栽或庭植美化。

●繁殖：播种、扦插或嫁接法。榔榆以播种法为主，曙榆、锦榆、白榆、黄金美国榆 4 种以榔榆实生苗作砧木嫁接，早春为嫁接适期。

●栽培重点：不拘土质，但以肥沃的壤土或砂质壤土为佳，日照需良好，过分阴暗会落叶。幼树春至中秋每 1～2 个月施肥 1 次。园景树每年冬季落叶后应修剪整枝，已修剪成各种造型的榆树必须随时整枝，修剪徒长枝。性喜温暖至高温，生长适温 15～28 ℃。

垂枝榆

Ulmus pumila 'Pendula'
(*U. pumila* 'Tenue')

榆科落叶小乔木
栽培种

　　垂枝榆是榆树（白榆）的栽培变种，株高可达 5 m，主干下部直立。幼树 1 ~ 3 年生小枝细长下垂，成年树小枝易卷曲或扭曲，树冠呈伞形。叶卵状椭圆形或卵状披针形，先端渐尖，单锯齿缘或重锯齿缘。树形优雅，为著名的园景树。

　　● 繁殖：嫁接法，早春为适期。

　　● 栽培重点：栽培介质以壤土或砂质壤土为佳。春至夏季生长期施肥 2 ~ 3 次。落叶后应修剪整枝，成年树移植之前需作断根处理。性喜温暖、湿润、向阳之地，生长适温 15 ~ 25 ℃，日照 70% ~ 100%；耐寒不耐热，华南地区高冷地栽培为佳。

■ 垂枝榆

高级木材 - **榉树**
Zelkova serrata

榆科落叶乔木
别名：鸡油、光叶榉
原产地：中国、日本、韩国

　　榉树树高可达25 m，干直立。叶互生，长卵形，先端尖，锯齿缘，纸质。春季开花，淡黄绿色。核果歪球形。生性强健，生长快速，耐风抗瘠，适作行道树、园景树、防风树、盆景。材质鲜红坚硬，为阔叶一级木，可供制家具、地板、楼梯扶手等。

　　榔榆和榉树外形近似，尤其落叶后和萌发新叶时更难分辨，其分辨特征如下：榔榆叶小而质厚，先端钝圆，果实为翅果；榉树叶大而薄，先端尖，果实为核果。

　　●繁殖：播种、根插法。

　　●栽培重点：不拘土质，但以肥沃的壤土或砂质壤土为佳，日照需良好，过分阴暗会落叶。幼树春至中秋每1～2个月施肥1次。园景树每年冬季落叶后应修剪整枝，已修剪成型的榉树，必须随时留意整枝，修剪徒长枝。性喜温暖至高温，生长适温15～28 ℃。

1 榉树
2 榉树

来特氏越橘
Vaccinium wrightii

越橘科常绿小乔木
原产地：中国

来特氏越橘株高可达3 m。叶互生，有卵形、长椭圆形或菱状长椭圆形，先端渐尖，锯齿缘，厚皮纸质。春至夏季开花，总状花序顶生或腋生，花梗淡红或绿色，花冠壶形，先端5浅裂，白或粉红色。浆果球形，熟果黑色。适作园景树、绿篱、盆栽、花材。果实可食用。

●繁殖：播种、扦插法，春、秋季为适期。

●栽培重点：栽培介质以腐殖质土或砂质壤土为佳。冬至春季生长期施肥3～4次。花后应修剪整枝，植株老化施以重剪或强剪。性喜温暖至高温、湿润、向阳之地，生长适温18～28 ℃，日照70%～100%。我国华南地区高冷地生长良好，平地高温生长迟缓或不良。

1 来特氏越橘
2 来特氏越橘
3 来特氏越橘果实

药用植物 - **黄荆**

Vitex negundo

马鞭草科落叶灌木
别名：埔姜仔、布荆
原产地：中国、印度、锡兰、马来西亚、非洲热带

　　黄荆株高可达 4 m。小枝方形，掌状复叶，小叶披针形或椭圆状长卵形，先端渐尖，搓揉有特殊香味。夏季开花，花淡紫色。核果倒卵形。生性强健、耐旱耐瘠、抗风，适作绿篱、山坡水土保持树、盆栽或药用，主治祛风湿、通经、利尿。

　　●繁殖：播种、扦插法，春季为适期。

　　●栽培重点：不拘土质，但以砂质壤土最佳，排水、日照需良好。年中施肥 2～3 次。冬季落叶后应修剪整枝 1 次。性喜高温，生长适温 22～32 ℃。

1 黄荆
2 黄荆
3 黄荆叶背有短毛，灰白色

小花牡荆

Vitex parviflora

马鞭草科常绿小乔木
原产地：菲律宾、马来西亚、夏威夷

■ 小花牡荆

小花牡荆株高可达3 m以上，幼枝方形，幼枝叶紫红色，全株有淡香味。4～5出复叶，小叶披针形；中叶最大，长10～15 cm；全缘，薄革质，叶背灰绿色，幼叶密生紫色茸毛。春至夏季开花，花顶生，小花多数，紫色，花色幽美。适作庭植或盆栽。

● 繁殖：播种、扦插法，春、夏季为适期。

● 栽培重点：栽培土质以壤土或砂质壤土为佳。排水、日照需良好。土壤保持湿润。春、夏季生长期施肥2～3次。春季修剪整枝，剪除主干下部侧枝能促进长高。性喜高温多湿，生长适温22～32 ℃。

三叶牡荆

Vitex trifolia

马鞭草科常绿灌木
别名：三叶埔姜、蔓荆
原产地：中国、印度、日本、菲律宾及大洋洲北部

■ 三叶牡荆

三叶牡荆株高可达3 m。3出复叶，小叶长椭圆形或倒披针形，全缘，叶背灰白色，密被短柔毛，具特殊香气。春至夏季开花，圆锥花序顶生，小花粉紫色。核果球形。花姿典雅，适作庭植、绿篱或盆栽，尤适于滨海防风。

● 繁殖：播种、扦插法，春、夏季为适期。

● 栽培重点：栽培土质以砂质壤土为佳。排水、日照需良好。春、夏季生长期施肥2～3次。早春应修剪整枝，植株老化应施以强剪。性喜高温，生长适温20～30 ℃。

绿荫遮天 - 柚木
Tectona grandis

马鞭草科常绿乔木
别名：麻栗、血树
原产地：中国、印度、缅甸、泰国、马来西亚

柚木株高可达 15 m，干通直。叶甚大，对生、卵形或椭圆形，先端圆、锐或钝形，全缘，幼嫩部位具星状绵毛，嫩叶用手搓揉有红色素。全年均可开花，白色或淡蓝色。核果球形，外具纵棱。树高叶大，为庭园绿荫树、行道树的高级树种，木材供造船、建筑、家具或雕刻用，不腐蚀铁类，常用作铁轨枕木。

●繁殖：播种或根插法，春至夏为适期。

●栽培重点：以土层深厚且湿润的砂质壤土最佳，排水、日照需良好。树高叶大，栽培地点要避风。每季施肥 1 次。春季应修剪整枝。性喜高温，生长适温 23 ~ 32 ℃。

1 柚木
2 柚木
3 柚木

红树林植物 - **海茄苳**
Avicennia marina

马鞭草科常绿小乔木
原产地：中国、亚洲热带

海茄苳是红树林植物之一，株高可达 4 m。幼枝方形，基部四周有直立棒状呼吸根。叶对生，椭圆形或卵形，先端钝，全缘，革质，叶背灰白色。短聚伞形花序，花顶生，小花黄色。蒴果近卵形，有短毛。适作湿地园景树、海岸防风固沙树种。药用可治痢疾、疱疮等。

●繁殖：蒴果裂开之前，成熟的胚已长成胎生幼苗，春、夏季取胎生苗种植于湿土中即可。

●栽培重点：栽培土质以壤土或砂质壤土为佳。日照需充足。湿地栽培以基部浸水为度。性喜高温潮湿，生长适温 23 ~ 32℃。

■ 海茄苳

枝叶青翠 - **臭娘子**
Premna obtusifolia

马鞭草科半落叶小乔木
别名：钝叶臭黄荆
原产地：中国、马来西亚、日本、菲律宾

臭娘子株高可达 4 m。叶对生，阔卵形，先端圆或短突，全缘，革质，明亮富光泽。春季开花，黄绿色。核果球形，由绿转褐黑色。耐旱、耐瘠、耐风、耐潮，枝叶青翠，适作防风林、园景树、盆景。木材可供建筑使用。

●繁殖：播种、扦插法，春、夏季为适期。

●栽培重点：栽培土质不拘，但以排水良好的砂质壤土为佳，日照要充足。全年施肥 2 ~ 4 次。冬季落叶后或春季应修剪整枝，老化的植株应施以强剪，促使枝叶更茂盛。性喜高温多湿，生长适温 22 ~ 30℃。

■ 臭娘子

火筒树
Leea guineensis

葡萄科常绿小乔木
别名：番婆怨
原产地：中国、菲律宾、越南

　　火筒树株高可达 5 m，根为支柱根或气根。
3 ~ 4 回羽状复叶，小叶椭圆状卵形或披针形，
锯齿缘。夏季开花，花色先黄后红色。浆果
扁球形，熟果暗红至黑色。木材髓心含水分
多，不易燃烧，易遭妇人怨，古名"番婆怨"。
生长迅速，树姿清爽，适作园景树、诱蝶树。

　　●繁殖：播种、高压法，春季为适期。

　　●栽培重点：以湿润、肥沃的砂质壤土
为佳，排水、日照需良好。栽培地点要避风，
以防折枝。年中施肥 2 ~ 4 次。春季应修剪整
枝。性喜高温多湿，生长适温 23 ~ 30 ℃。

1 火筒树
2 火筒树
3 火筒树

美叶火筒树

Leea coccines 'Rubra'

葡萄科常绿灌木
别名：红宝石南天
栽培种

美叶火筒树株高 1 ～ 2 m，枝条暗紫红色。叶互生，2 ～ 3
回奇数羽状复叶。小叶对生，长椭圆形，锯齿缘，叶暗紫褐或
绿褐色，光泽明亮，叶色奇雅异美。冬至春季开花，赤紫色。
性耐阴，适作庭植或盆栽。

●繁殖：播种、扦插、分株或高压法，春季为适期，其中
以分株法成活率最高。

●栽培重点：土质以砂质壤土最佳，排水需良好，栽培处
日照 50% ～ 70%，生长最健壮。施肥可用有机肥料或氮、磷、
钾肥料，每月施用 1 次。盆栽春季换土整枝 1 次。性喜高温，
生长适温 20 ～ 30 ℃，冬季需温暖避风。

■ 美叶火筒树

中文名索引

学名索引